# Radiobau-Miniprojekte

Burkhard Kainka

ISBN: 1507693788
ISBN-13: 978-1507693780

# VORWORT

Für mich war das Radiobasteln der Einstieg in die Elektronik und der Weg zum Amateurfunk. Gegen alle Unkenrufe, das sei ja völlig veraltet und überhaupt nicht mehr aktuell, kommt das Thema immer wieder hoch. Sogar jetzt noch, wo viele Mittelwellensender schon abgeschaltet sind, wo die Deutsche Welle sich von der Kurzwelle verabschiedet hat und wo man über den Abschied vom guten alten FM-Rundfunk nachdenkt, macht die Sache immer noch Spaß. Jetzt erst recht, möchte man sagen, mal sehen, was heute noch zu empfangen ist. Und da hört man einiges, es sind immer wieder Signale zu entdecken, die man noch nicht kannte. Radiohören macht einfach Spaß!

Die Aufgaben und Projekte sind in der Tat vielfältig. Manche Radiobastler verfolgen das Ziel, historische Detektorempfänger nachzubauen oder zu optimieren. Ganze ohne Batterie, allein aus der Energie der Antenne ferne Sender hören, das hat was. Oder es geht darum, alte Röhren wieder in Dienst zu stellen. Auch da hat sich einiges getan, seit bekannt wurde, dass es sogar mit kleinen Spannungen ab 6 V funktioniert. Zeitweise war der digitale Rundfunk DRM auf Kurz- und Mittelwelle ein großes Thema, das viele zurück zu den Hochfrequenzexperimenten geführt hat. DRM ist schon wieder auf dem Rückzug, weil sich gezeigt hat, dass die Übertragung nicht so störungsfrei läuft wie man sich erhofft hatte. Aber die vielen selbst gebauten Empfänger sind noch da und dienen nun andern Zwecken vom Amateurfunk bis zum AM-Rundfunkempfang aus fernen Ländern.

Mit meiner Vorliebe für das Radiobasteln stehe ich nicht allein, sondern Hobbybastler, aber auch viele Verlage und Firmen haben das Thema aufgegriffen, wobei ich oft helfen durfte. Ein Highlight war der neue Kosmos-Radiomann mit einer Röhre und 12-V-Betrieb. Später hat Franzis eine ganze Reihe interessanter Retroradio-Bausätze von Mittelwelle bis UKW herausgebraucht, teilweise auch für Conrad-Elektronik, wo immer noch eine stattliche Anzahl dieser Projekte erhältlich ist und die ersten Schritte erleichtert. Das Thema Röhren wird auch von AK Modul-Bus mit mehreren Experimentiersystemen unterstützt, wobei

Burkhard Kainka

grundsätzlich nur kleine, ungefährliche Anodenspannungen verwendet werden. Aber auch spezielle Bauteile und Baugruppen rund um das Radiobasteln, vom Drehkondensator bis zum Spezial-IC oder zum kompletten DSP-Empfänger und dem dazu passenden Klasse-D-Verstärker. Immer wenn irgendwo ein neues interessantes Bauteil auftaucht, das nicht leicht zu bekommen ist, bitte ich darum, dass es bei Modul-Bus in den Online-Shop aufgenommen wird und damit allen interessierten Radiobastlern zugänglich wird. Das Thema bleibt spannend!

Dieses Buch versucht einen Überblick zu geben, von ganz einfachen Experimenten mit Material aus der Bastelkiste bis zu komplexen Platinen-Projekten. Ich hoffe, dass Sie sich von dem einen oder anderen Projekt anstecken lassen.

Viel Erfolg und Freude beim Radiobau!

Ihr Burkhard Kainka

# INHALT

# 1 Mittelwellen-Detektor-Empfänger

Der einfachste mögliche Mittelwellen-Empfänger besteht nur aus einer langen Antenne, einem Erdanschluss, einer Germanium-Diode und einem Kopfhörer. Die Stromversorgung erfolgt durch die Antenne selbst. Sie muss daher relativ lang sein. Meist reicht ein ausgespannter Draht von ca. 10 Metern.

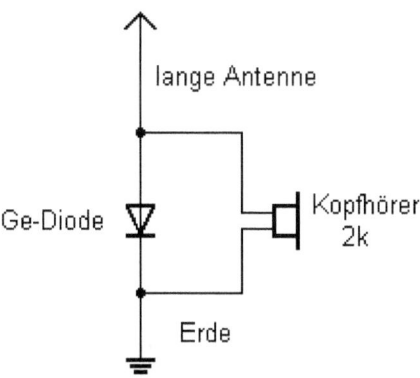

Als ich mein erstes Radio bauen wollte und mit einer langen Liste und einem Schaltplan in ein Elektronik-Geschäft gegangen bin, um alles nötige zu kaufen, hat mir der nette Verkäufer diese Schaltung verraten. Spule, Drehko, wird alles nicht gebraucht. Allerdings muss der Kopfhörer relativ hochohmig sein.

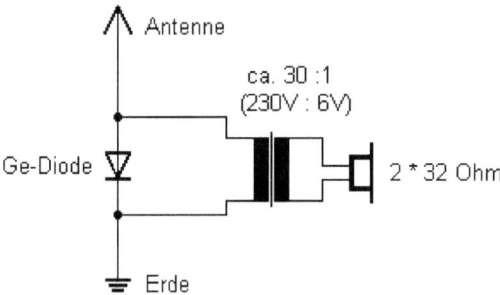

Ein Walkman-Kopfhörer mit 2 mal 32 Ohm geht auch, muss aber mit einem Trafo angepasst werden. Ein richtiger NF-Übertrager ist nicht leicht aufzutreiben. Zur Not tut es ein Netztrafo für 6 V oder ein Klingeltrafo mit 3/5/8V. Da kann man dann ausprobieren, welcher Anschluss am besten passt. Man kann auch einen Trafo aus einem defekten Netzteil versuchen.

Das einfache Radio ist nicht selektiv, d.h. es empfängt alle starken Sender gleichzeitig. Wenn nicht ein starker Sender in der Nähe alle anderen übertönt, hört man vor allem abends sehr viele Sender, die in ihrer Lautstärke schwanken.

Die gewünschte Selektion erreicht man durch einen Schwingkreis aus Spule und Drehkondensator. Mit einem Drehkondensator von 320 pF bis 500 pF und einer Spule mit 200 µH bis 300 µH überstreicht man etwa den ganzen Mittelwellenbereich. Die Spule kann als Luftspule mit 100 Windungen auf eine Papprolle mit einem Durchmesser von 4 cm aufgewickelt werden. In dieser Schaltung funktioniert übrigens auch ein Kristall-Ohrhörer sehr gut. Bei den Schaltungen ohne Spule geht er nicht.

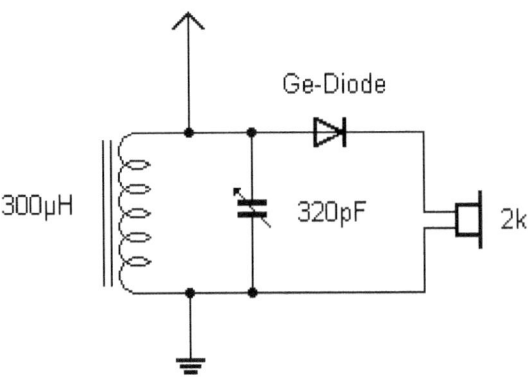

Die Schaltung ermöglicht noch keine sehr scharfe Trennung von Sendern, weil der Schwingkreis durch den direkten Anschluss der Diode zu stark bedämpft wird. Abhilfe schafft eine Anzapfung der Spule bei 50 Windungen. Auch die Antenne sollte nun an eine eigene kleine Wicklung mit z.B. 20 Windungen angeschlossen werden. Im Schwingkreis schwingt nun eine wesentlich größere (Blind-) Leistung, als von der Antenne zugeführt und über die Diode entnommen wird. Damit ergibt sich eine geringe Dämpfung, eine kleine Bandbreite und damit eine gute Trennschärfe.

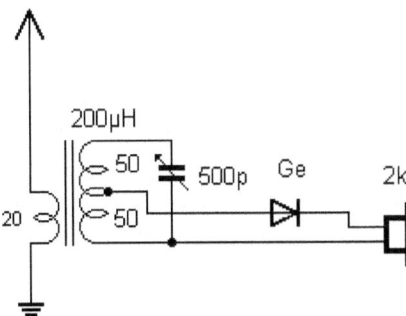

Die Lautstärke des Diodenempfängers kann durch einen nachgeschalteten Verstärker erhöht werden. Trotzdem kommt man nicht mit sehr kurzen Antennen aus, weil die Diode erst mit einer HF-Spannung über etwa 0,2 V gleichrichten kann. Mit einer

Siliziumdiode müsste die Spannung noch höher liegen. Man kann die Wirkung der Diode jedoch verbessern, indem man sie mit einer kleinen Gleichspannung vorspannt. Nun kann auch eine Si-Diode eingesetzt werden.

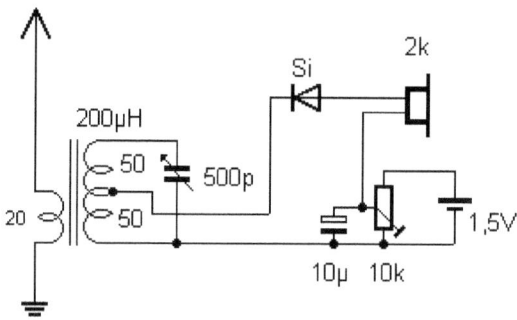

# 2 Der Kurzwellendetektor

Radio hören ohne Batterie oder eine andere Energiequelle, das geht nur mit dem Detektorempfänger. Diese einfachste aller Radioschaltungen hat daher über die Jahrzehnte nichts von ihrem Reiz verloren. In der Frühzeit der Radiotechnik war der Detektorempfänger ein verbreitetes Konzept. Heute ist er eher ein technisches Abenteuer und zugleich ein guter Einstieg.

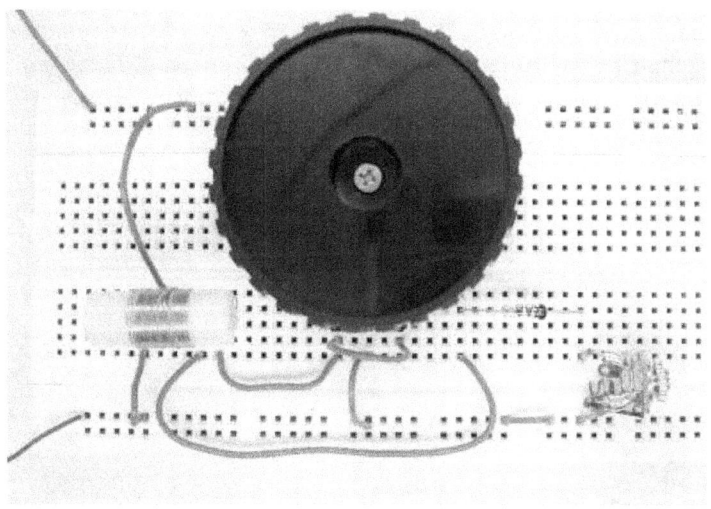

Die meisten Vorschläge zum Bau von Detektorradios zielen auf den Empfang des Mittelwellen-Ortssenders. Hier dagegen geht es gleich richtig zu Sache: Fernempfang auf Kurzwelle. Tatsächlich ist es auf Kurzwelle sogar einfacher, die ersten Erfolge zu erzielen. Das hat mehrere Gründe. Die Grundversorgung auf Mittelwelle bröckelt langsam ab, d.h. viele Sender wurden abgeschaltet oder arbeiten nur noch mit kleinerer Leistung. Der Grund ist klar, kaum noch jemand hört Mittelwelle, denn das UKW-Netz bietet wesentlich mehr. Auf Kurzwelle dagegen ging es immer schon um große Reichweiten, d.h. vor allem die Auslandsdienste der einzelnen Länder sind hier zu hören. Der altbewährte AM-Rundfunk ist deshalb auf Kurzwelle so aktiv wie eh und je.

Auf höheren Frequenzen braucht man kleinere Spulen, die wesentlich leichter herzustellen sind. Während eine gute Mittelwellenspule einen Ferritstab und schwer zu beschaffende HF-Litze braucht, kommt man auf Kurzwelle mit etwas isoliertem Kupferdraht aus. Ein spezieller Spulenkörper mit Ferritkern ist nicht erforderlich, sondern man kann irgendeinen isolierenden Körper nehmen. Für den ersten Versuch soll eine Spule mit insgesamt 25 Windungen und vier Anzapfungen gewickelt werden. Als Wickelkörper wurde die 8 mm dicke Isolierhülse eines Bananensteckers verwendet. Ebenso gut geeignet ist z.B. ein Stück von einem Kugelschreiber. Zwei Löcher im Abstand 1 cm helfen die Drahtenden zu fixieren. Es werden dann jeweils 5 Windungen gewickelt, eine Schlaufe verdrillt und die folgenden Windungen aufgetragen. Die fertige Spule wird an einen Abschnitt Pfostenstecker mit sechs Kontakten gelötet.

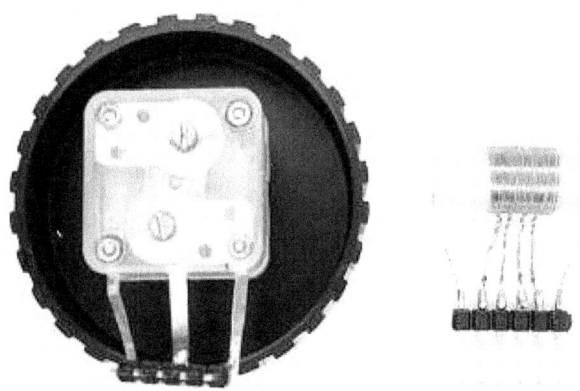

Das ganze Radio soll auf einem Experimentiersteckfeld aufgebaut werden. Auch der Drehkondensator wird deshalb mit Pfostensteckern verlötet. Beide Teile lassen sich dann sehr leicht auf dem Experimentierboard aufsetzen. Es fehlt nur noch die Diode und eine Kopfhörer-Anschlussbuchse mit angelöteten Verbindungsdrähten. Der Vorteil dieser Aufbautechnik besteht vor allem darin, dass man sehr leicht andere Schaltungsvarianten ausprobieren kann.

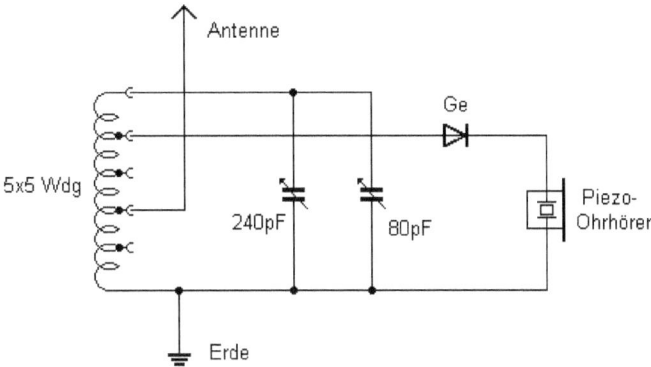

Für den Detektor eignet sich entweder eine Germaniumdiode (AA112, AA118 usw.) oder eine Schottkydiode (BAT41, BAT43 usw.). Bei der Verwendung eines Piezo-Ohrhörers muss beachtet werden, dass der Hörer sich wie ein Kondensator soweit aufladen kann, dass die Diode sperrt. Eine Germaniumdiode besitzt immer genügend Sperrstrom, um den Gleichstromanteil abzuleiten. Eine Schottkydiode dagegen erfordert einen zusätzlichen Widerstand von 100 k parallel zum Ohrhörer. Der Widerstand ist nicht nötig, wenn ein dynamischer Kopfhörer oder ein Übertrager angeschlossen wird.

Als Antenne eignet sich am besten ein frei aufgehängter Draht mit 10 m Länge. Aber auch ein kürzerer Draht von 3 m Länge, der möglichst hoch im Zimmer ausgespannt wird, reicht bereits für erste Erfolge. Bei vorsichtiger Abstimmung des Drehkos findet man zu jeder Tageszeit mehrere Sender, die ausreichend laut gehört werden können. Oft sind in einer Einstellung zwei oder drei Sender gleichzeitig zu hören. Die auf Kurzwelle üblichen Schwankungen der Feldstärke führen dazu, dass mal der eine und mal der andere Sender klar hervortritt. Die einzelnen Rundfunkbänder sind zwar klar zu trennen, nicht aber nahe beieinander liegende Sender. Die Trennschärfe ist also noch nicht optimal.

Die im Schaltbild verwendeten Anzapfungen sind nur grobe Richtwerte. Man sollte also versuchen, das Optimum an Lautstärke und Trennschärfe zu finden, was in der beschriebenen

Aufbautechnik leicht durchführbar ist. Dabei gelten folgende Faustregeln: Tiefere Anzapfungen für Antenne und Diode verbessern die Trennschärfe, verringern aber u.U. die Lautstärke. Je länger die Antenne ist, desto tiefer muss die Antennenanzapfung liegen. Eine zu hoch gewählte Antennenanzapfung kann die Lautstärker verringern und führt zu einer schlechten Trennschärfe. Diese Zusammenhänge lassen sich experimentell leicht nachvollziehen

Hinweise zur Bauteilebeschaffung: Die Firma AK MODUL-BUS bietet für diese Versuche und ähnliche Versuche einen passenden Drehkondensator mit Drehknopf an. Ebenfalls erhältlich ist das verwendete Laborsteckboard.

# 3 Rückkopplung mit Transistor

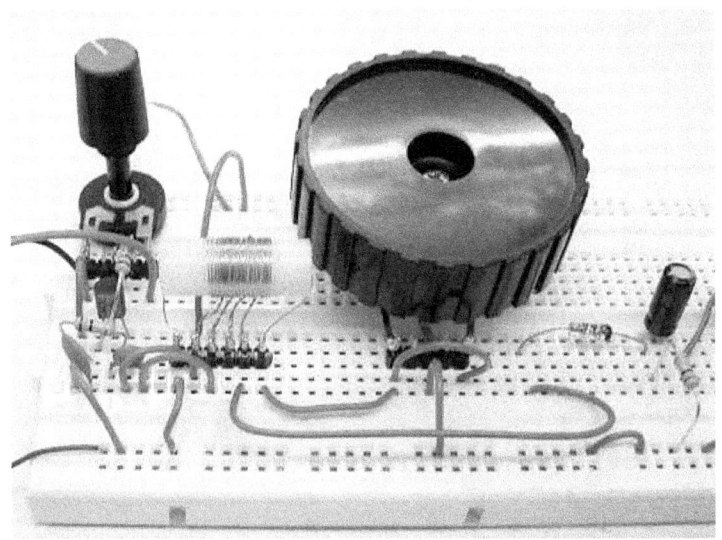

Der einfache Kurzwellendetektor war noch nicht sehr empfindlich und trennscharf. Aber mit einer zusätzlichen Entdämpfung lassen sich die Empfangsleistungen erheblich verbessern.

Die Zusatzschaltung soll Verluste im Schwingkreis ausgleichen. Ein Transistor verstärkt das HF-Signal und führt es in den Schwingkreis zurück. Bei richtig eingestellter Verstärkung sorgt die Rückkopplung gerade für einen Ausgleich aller Verluste. Der Schwingkreis ist dann optimal entdämpft und hat eine sehr hohe Güte. Nun lassen sich auch Sender trennen, die nur 10 kHz auseinander liegen. Außerdem können auch sehr schwache Stationen gehört werden.

Die Schaltung benötigt nun zusätzlich eine Batterie und ein Potentiometer für die Einstellung der Rückkopplung. Das Poti wird ebenfalls auf Pfostenstecker gelötet. Die meisten anderen Bauteile finden sich aber auch in fast jeder Bastelkiste. Das Radio muss natürlich auch nicht unbedingt auf einer Steckplatine aufgebaut werden. Man kann auch alle Verbindungen löten und alles in ein Gehäuse einbauen.

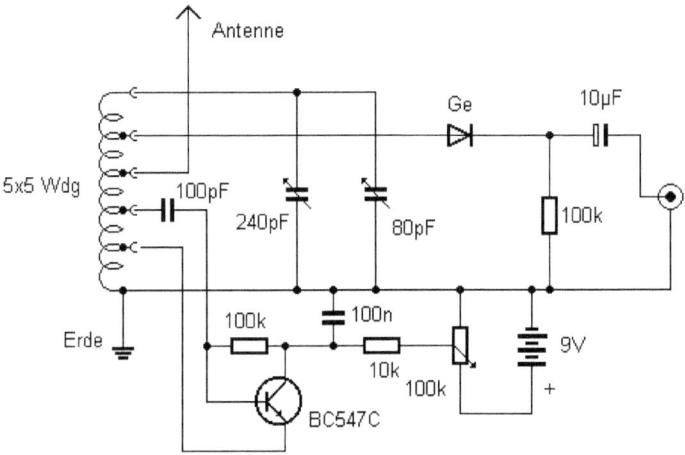

Das Kurzwellenradio lässt sich mit dieser Schaltung gut an einen Verstärker wie z.B. eine PC-Aktivbox anschließen. Die Antenne muss nicht mehr besonders lang sein, es reicht bereits ein Draht von einem Meter Länge. Man sucht einen Sender und stellt dann die Rückkopplung auf optimale Lautstärke ein. Dreht man das Porti zu weit nach rechts, entstehen Eigenschwingungen, d.h. der Empfänger wird zu einem kleinen Sender. Bei optimaler Einstellung braucht sich der Rückkopplungs-Detektor nicht hinter einem üblichen Kurzwellenradio verstecken. Der Klang ist sehr angenehm.

Ein Detektorempfänger mit Batterie und Verstärker, das findet mancher vielleicht unsportlich. Kein Problem, man entferne die Batterie und schließe einen Kristallhörer an. Das Radio funktioniert weiterhin auch ohne die Rückkopplung, nur eben mit weniger Empfangsleistung.

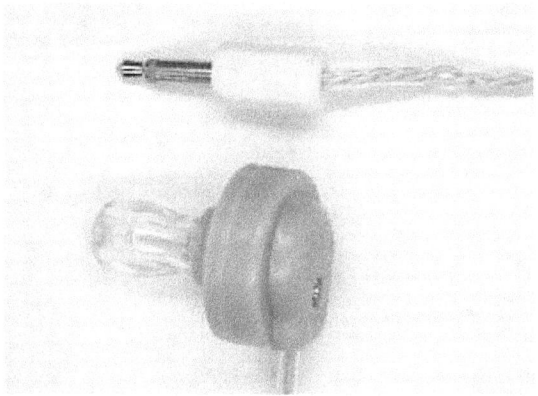

Die Rückkopplung wird hier mit einem NPN-Transistor realisiert. Ebenso gut könnte man natürlich auch eine Röhre verwenden. Auch dann handelt es sich noch um einen Detektorempfänger. Erst wenn die Röhre oder der Transistor auch noch die Funktion der Diode ersetzt, spricht man von einer Audionschaltung.

# 4 Röhren-Entdämpfung

Die Entdämpfung des Schwingkreises führt zu einer wesentlichen Verbesserung der Trennschärfe und Empfindlichkeit eines Detektorempfängers. Man benötigt dazu einen HF-Verstärker mit einstellbarer Verstärkung. Mit gutem Erfolg kann hierzu auch eine Röhre eingesetzt werden. Die HF-Pentode EF95 wird in diesem eBook noch öfter auftauchen. Obwohl diese Röhre für höhere Spannungen entwickelt wurde, arbeitet sie schon bei nur 12 V sehr gut. Die Heizspannung beträgt 6 V. Deshalb wurden die Heizfäden von zwei Röhren in Reihe geschaltet. Man kommt so mit einer einzigen Spannungsquelle von 12 V für Heizung und Anodenspannung aus. Die zweite Röhre kann z.B. als NF-Verstärker verwendet werden.

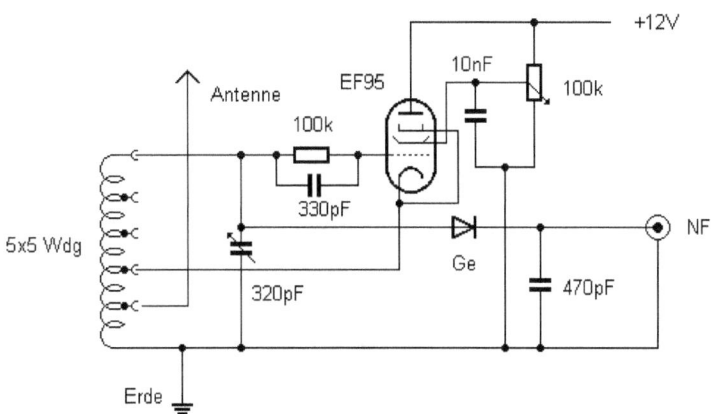

Die Schaltung hat große Ähnlichkeit mit der schon vorgestellten Entdämpfungsschaltung mit einem Transistor. Am Steuergitter stellt sich eine negative Vorspannung von ca. -0,1 V ein. Die Verstärkung der Röhre wird über die Schirmgitterspannung eingestellt. Der Rückkopplungseinsatz ist sehr weich, weil die Röhre bei mehr HF-Spannung am Gitter automatisch etwas zurückregelt.

Am NF-Ausgang kann entweder ein hochohmiger Kopfhörer oder ein NF-Verstärker angeschlossen werden. Mit einem aktiven PC-Lautsprecher konnten zahlreiche Fernsender im Kurzwellenbereich laut und klar gehört werden.

# 5 Der Röhren-Detektor

Die EAA91 ist eine Zweifachdiode mit einer Heizung von 6V/0,3A. Sie brachte mich auf eine Idee: Der Röhren-Detektorempfänger. Das ist die logische Weiterentwicklung des Kristalldetektors. Man soll sich dem Fortschritt ja nicht verschließen.

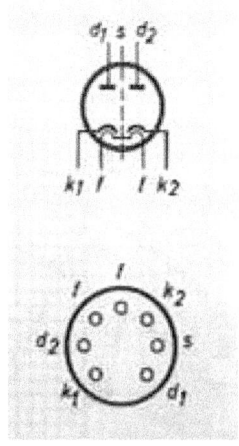

Anders als eine Germanium- oder Siliziumdiode oder auch der Kristalldektektor aus Bleiglanz benötigt die Röhrendiode keine Mindestspannung, um an den Knick ihrer Kennlinie zu gelangen. Im Gegenteil: Auch ohne positive Anodenspannung erreichen immer einige Elektronen die Anode. Man kann einen Kurzschlussstrom von ca. 30 μA messen. An einem Lastwiderstand von 1 MΩ erzeugt die Röhre bereits eine Spannung von 0,5 V. Sie erzeugt sich damit von ganz allein die geeignete Vorspannung.

Zwei Dioden, ein Doppeldrehko, was liegt da näher als ein Zweiband-Radio mit Mittelwelle und Kurzwelle. Es werden praktisch zwei völlig unabhängige Radios aufgebaut, die Umschaltung erfolgt erst nach der Gleichrichtung. Das macht weniger Probleme als eine Umschaltung an den HF-Kreisen. Die beiden unterschiedlichen Spulen bestimmen die Frequenzbereiche. Das Ausgangssignal wird dann z.B. PC-Aktivboxen zugeführt. Die Trennschärfe ist in beiden Wellenbereichen gut, weil die Gleichrichterschaltung sehr hochohmig ausgelegt ist. Und das Beste: Ein echter Röhrenklang!

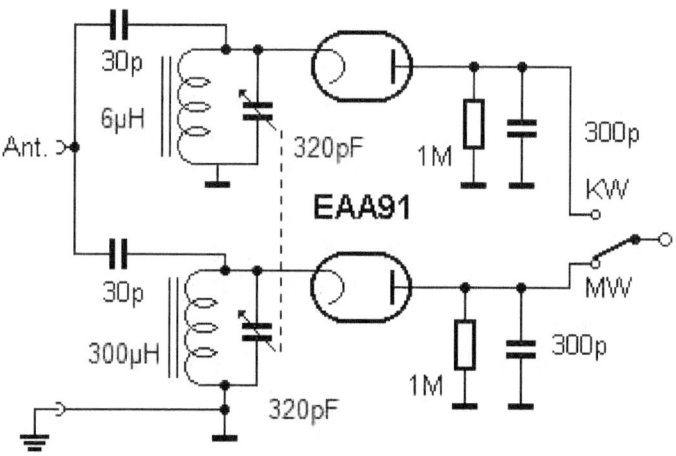

Das neue Radio bekam übrigens auch eine neue Antenne. Dazu wurde das Kupferrohr der Heizung angezapft. Es ist zwar an einer Stelle geerdet, bildet jedoch zusammen mit dem Erdleiter der Steckdose eine große Leiterschleife, die als magnetische Antenne funktioniert. Gegen den Schutzleiter der Steckdose wurde ein Gleichstromwiderstand von weniger als 1 Ohm gemessen. Es wurden verschiedene Arten von Ankopplungen probiert. Am effektivsten war eine kapazitive Kopplung mit einem kleinen Kondensator mit ca. 30 pF. Mit dieser Antenne können zahlreiche Sender empfangen werden. Ferne europäische Sender können auf Kurzwelle immer, auf Mittelwelle vor allem am Abend gehört werden.

# 6 Rückkopplung mit Emitterfolger

Besonders im Mittel- und Langwellenbereich hat sich ein Audion in Kollektorschaltung bewährt. Die Schaltung arbeitet wie eine Diodenschaltung mit Vorspannung, wobei der Eingangswiderstand durch die Stromverstärkung des Transistors erhöht wird. Zwar ist hier eine geringere Spannungsverstärkung zu erwarten, diese kann jedoch durch nachfolgende Stufen leicht ausgeglichen werden.

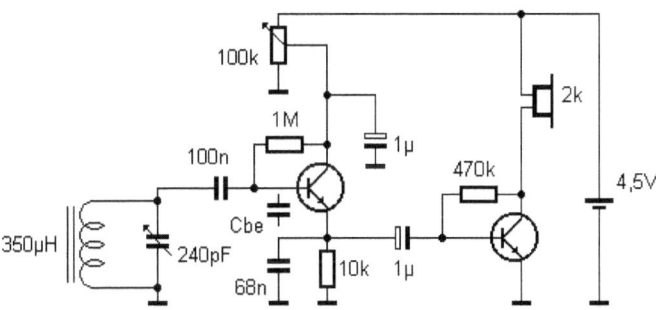

Ein Vorteil dieser Schaltung ist die Verwendung einer einfachen Spule ohne Anzapfung. Dies ist möglich, weil die Kollektorschaltung einen großen Eingangswiderstand besitzt. Auch die Rückkopplung gelingt hier ohne Anzapfung der Spule. Die HF-Spannung wird über einen kapazitiven Spannungsteiler über die Basis-Emitter-Kapazität und den Emitterkondensator in den Schwingkreis eingekoppelt. Die Verstärkung wird über eine Regelung der Kollektorspannung eingestellt. Es ergibt sich eine sehr weich einsetzende und gut einstellbare Rückkopplung. Diese Schaltung eignet sich für einen großen Frequenzbereich zwischen etwa 50 kHz und 4 MHz, also vom Längstwellenbereich bis in den unteren Kurzwellenbereich. Durch Umschaltung von Spulen können mehrere Bereiche verwendet werden.

Die Schaltung lässt sich bei geringerer Betriebsspannung auch ganz ohne einen Rückkopplungsregler einsetzen. Das folgende Schaltbild zeigt ein vierstufiges Mittelwellenradio mit Lautsprecher, das mit nur 1,5 V auskommt. Bei einer Stromaufnahme von nur 10 mA beträgt die Betriebsdauer für eine Mignon-Alkalizelle etwa 200 Stunden. Das Radio funktioniert gut mit der internen Ferritantenne. Mit einem Draht von etwa 2 Metern als Zusatzantenne empfängt man jedoch mehr Sender.

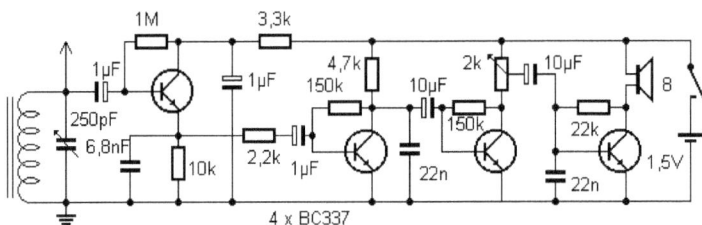

Die vierstufige Schaltung weist eine erhebliche Gesamtverstärkung auf. Deshalb besteht prinzipiell die Gefahr von Unstabilitäten durch unerwünschte Rückkopplung von NF- oder HF-Signalen. Die Audionstufe erhält daher eine eigene Glättung der Betriebsspannung, die eine Kopplung über die Versorgungsleitung ausschließt. Die folgenden NF-Stufen arbeiten mit herabgesetzter Grenzfrequenz, um Eigenschwingungen durch parasitäre Kapazitäten auszuschließen.

Wenn man in alten Bastelbüchern blättert, findet man das Seifendosenradio und das Zigarrenkistenradio. Aber die Seifendosen haben inzwischen zu runde Formen, und Opa raucht nicht mehr. Also muss ein neues, leicht beschaffbares, gut zu bearbeitendes und haltbares Gehäuse her. Deshalb kommt jetzt das Videokassettenhüllenradio. Dieses Gehäuse ermöglicht sogar noch ein elegantes Frontplattendesign, denn man kann eine bedruckte Vorlage einschieben.

Die Kassettenhülle ist leicht zu bearbeiten und bietet genügend Platz für alle Bauteile. Das Gehäuse ist auch sehr Service-freundlich, weil aufklappbar.

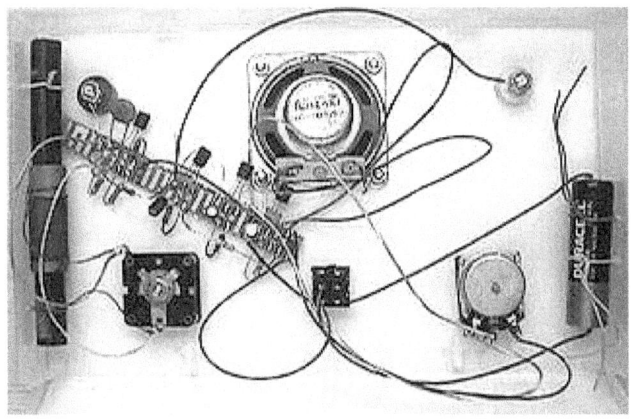

Die Schaltung wurde auf einem Platinenstreifen einer Steckplatine aufgebaut. Der Streifen stammt von einer Schrottplatine. Auf den vergoldeten Kontakten kann man sehr gut löten. Es wurden nur übliche und leicht beschaffbare Bauteile verwendet.

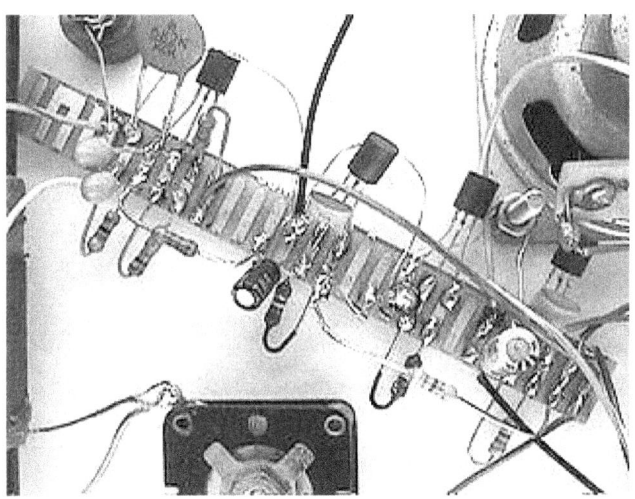

# 7 Mittelwellenempfänger mit TA7642

Der integrierte Mittelwellen-Empfängerbaustein ZN414 der Firma
Feranti wurde später durch den MK484 ersetzt und ist inzwischen
als TA7642 erhältlich. Dieser integrierte Baustein mit nur drei
Anschlüssen und TO92-Gehäuse ist für eine Betriebsspannung von
1,5 V ausgelegt. Das folgende Schaltbild zeigt die Grundschaltung
für einen einfachen Mittelwellenempfänger mit Ferritstab und
Drehkoabstimmung. Der Empfänger erreicht eine gute
Empfindlichkeit und Trennschärfe und ist in der Empfangsleistung
mit einfachen Superhets vergleichbar. Am Abend wird
europaweiter Empfang möglich.

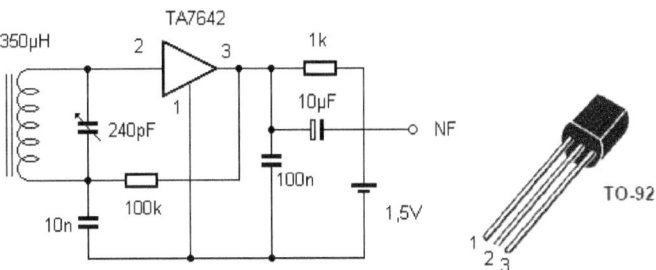

Die Schaltung verfügt über eine große Gesamtverstärkung und
entdämpft den Schwingkreis in Abhängigkeit von der
Betriebsspannung durch einen negativen Eingangswiderstand.
Daher ist die Stabilität bei einer höheren Spannung als 1,5 V nicht
mehr garantiert. Falls es mit einem Schwingkreis hoher Güte zu
Eigenschwingungen kommt, kann man einen Widerstand von 200
kΩ bis 1 MΩ parallel zur Spule schalten, um die Stabilität zu
sichern.

Schwache und starke Stationen werden weitgehend mit gleicher Lautstärke empfangen, d.h. die Schaltung enthält eine einfache Verstärkungsregelung. Eine große HF-Eingangsspannung erhöht die Stromaufnahme und den Spannungsabfall am Arbeitswiderstand. Damit sinkt die Betriebsspannung am Pin 3 und regelt die Verstärkung zurück.

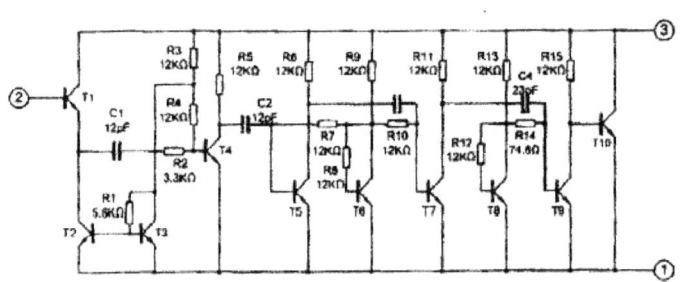

Die Innenschaltung des TA7642 zeigt einen Emitterfolger mit T1 als hochohmige Eingangsstufe. T4, T5, T7 und T9 bilden vier HF-Verstärkerstufen. T10 ist der eigentliche Demodulator. Alle anderen Transistoren bilden Hilfsschaltungen zur Stabilisierung der Arbeitspunkte. Der Kollektor der Ausgangsstufe T10 liegt zugleich an der Betriebsspannung aller Vorstufen und regelt bei großer HF-Eingangsspannung die Verstärkung zurück. Da man in integrierten Schaltungen nur sehr kleine Kondensatoren herstellen kann, arbeitet der Empfänger erst ab etwa 500 kHz mit hoher Verstärkung. Die obere Grenzfrequenz ist durch den hochohmigen Aufbau und die Sperrschichtkapazitäten festgelegt. Das IC kann daher nur mit Einschränkungen im Langwellenbereich und im unteren Kurzwellenbereich verwendet werden.

Der Empfänger eignet sich gut zum Aufbau eines Mittelwellen-PC-Radios, das über den Mikrofoneingang der Soundkarte versorgt wird. Die höhere Betriebsspannung von 2,5 V macht es im Interesse der Stabilität erforderlich, einen zusätzlichen

Serienwiderstand von 10 kΩ einzusetzen. Der Widerstand sollte mit einem Elko überbrückt werden, um die volle NF-Ausgangsspannung an den Mikrofoneingang zu legen.

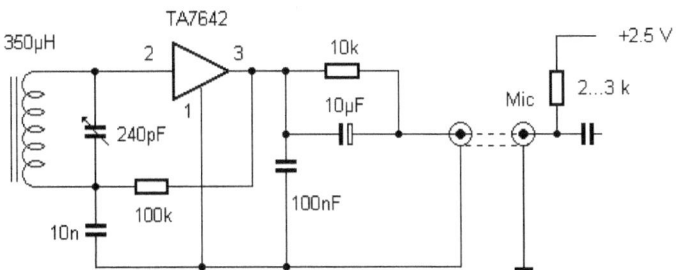

Der TA7642 ist nur bei wenigen Händlern zu bekommen. Daher kann es sinnvoll sein, eine Ersatzschaltung mit diskreten Bauelementen aufzubauen. Die Innenschaltung des Bausteins zeigt das Arbeitsprinzip. Daher ist es nicht schwierig, die Schaltung auf das Wesentliche zu reduzieren. Hier eine fast gleichwertige Ersatzschaltung mit nur drei NPN-Transistoren BC548C. Der Nachbau besteht aus einer der Emitterfolger-Eingangsstufe, nur einer HF-Stufe und der Demodulatorstufe.

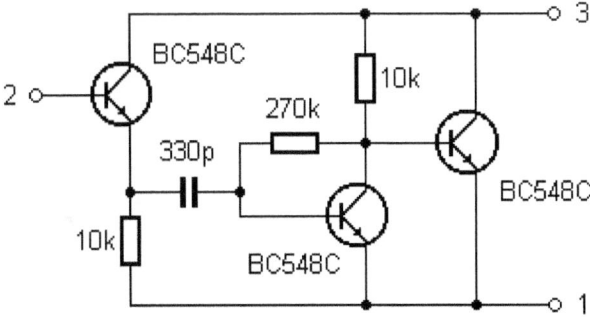

Die Ersatzschaltung zeigt weitgehend ähnliche Eigenschaften, neigt jedoch wegen des größeren Emitterstroms in der Eingangsstufe eher zu Eigenschwingungen, d.h. die Entdämpfung wirkt stärker. Dabei handelt es sich im Prinzip um die gleiche Schwingschaltung wie beim Emitterfolger in Kap. 11. Verwendet man eine Spule mit geringer Eigendämpfung, kann es nötig werden, einen Widerstand zwischen 200 k$\Omega$ und 1 M$\Omega$ parallel zum Schwingkreis einzusetzen, der den negativen Innenwiderstand des Eingangs teilweise kompensiert. Ein weiterer Vorteil der Schaltung besteht darin, dass der größere Koppelkondensator auch einen Betrieb im Langwellenbereich zulässt.

# 8 Das Franzis-Retroradio

Das Franzis-Radio mit einem TA7642 erinnert äußerlich an ein Röhrenradio aus den 1950er Jahren. Besonders gefällt mir das Franzis-Logo auf der Lautsprecher-Bespannung. An dieser Stelle hätten damals andere große Namen wie AEG, Philips, Siemens oder Grundig gestanden. Jetzt erst, 60 Jahren später, ist Franzis in den erlauchten Klub der Radiohersteller eingetreten.

Dieses Foto meines alten AEG-Radios habe ich anlässlich der Entwicklung des Radios aufgenommen und an Franzis geschickt. So stelle ich mir ein schickes Radio vor. Es diente dann als Vorbild für das Karton-Gehäuse mit Magnetverschlüssen.

Die kleine Platine ist leicht zu bestücken. Außer dem Empfänger-IC ist noch ein Transistor als Endverstärker vorhanden.

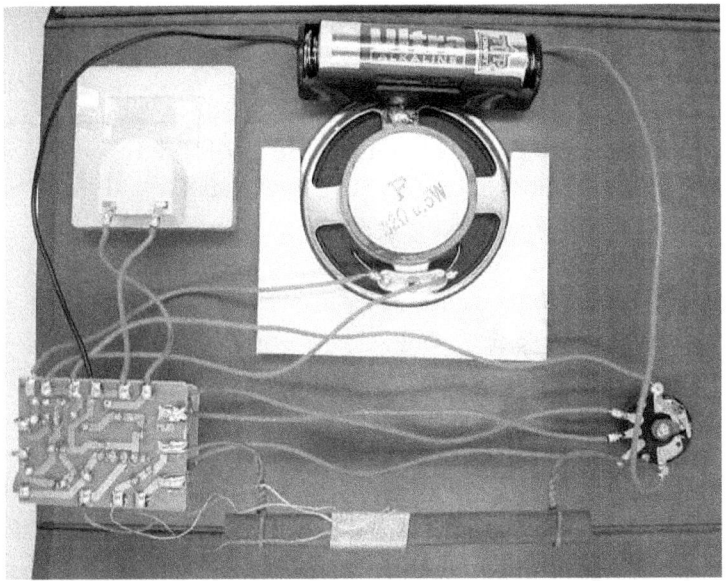

Der Radiobausatz wurde zwischenzeitlich mit einem etwas kleineren Gehäuse und ohne das Messgerät geliefert und war z.B. bei Conrad Elektronik erhältlich. Der Anschluss für das Messgerät ist noch vorhanden, sodass man es leicht nachrüsten kann. Im Internet findet man zahlreiche Erweiterungen, Tipps und Tricks sowie Hilfestellungen zur Fehlersuche für dieses Radio z.B. auf www.elektronik-labor.de.

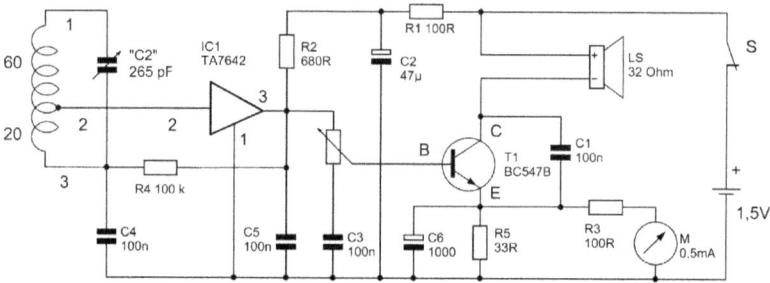

Der Schwingkreis aus Ferritkern-Spule und Drehkondensator ist zugleich die Empfangsantenne. Das HF-Signal wird an einer Anzapfung der Spule ausgekoppelt und dem Eingang des Empfänger-ICs (Pin 1) zugeführt. Am Ausgang (Pin 3) liegt sowohl die demodulierte NF-Signal als auch eine Regelspannung für die automatische Verstärkungsregelung. Die Spannung sinkt von 1,2 V ohne Signal auf unter 1 V bei hoher Signalstärke. Die Regelspannung gelangt über R4 zurück auf den Eingang und beeinflusst die Verstärkung des Empfängers. Auf diese Weise erscheinen starke und schwache Stationen fast gleich laut.

Die Regelspannung zwischen ca. 1 V und 1,2 V gelangt über den Lautstärkeregler auf die Basis des Endstufentransistors T1. Der Arbeitspunkt von ca. 20 mA wird damit weitgehend unabhängig von der Batteriespannung und von Streuungen der Stromverstärkung des Transistors, ändert sich aber mit der Empfangsfeldstärke. Das Anzeigeinstrument zeigt die Emitterspannung und damit zugleich den Emitterstrom von T1. Der Strom wird bis auf ca. 5 mA reduziert, wenn man eine kleine Lautstärke einstellt, weil dann ein zusätzlicher Basiswiderstand bis zu 10 kΩ den Basisstrom reduziert. Das Instrument zeigt alle Änderungen des Emitterstroms und damit zugleich den Zustand der Batterie, die eingestellte Lautstärke und die Signalstärke eines eingestellten Senders.

Die Schaltung ist besonders sparsam und benötigt nur eine einzelne Batterie von 1,5 V. Eine Alkalizelle mit einer typischen Kapazität von 2000 mAh reicht bei hoher Lautstärke für 100 Stunden Betrieb. Bei reduzierter Lautstärke hält die Batterie noch wesentlich länger.

Das Radio benötigt eine 1,5-V-Batterie. Ein Mignon-Akku mit nur 1,2 V ist nicht geeignet, weil bei der verminderten Spannung nur eine reduzierte Empfangsleistung erreicht wird. Legen Sie eine neue 1,5-V-Batterie ein. Schalten Sie das Radio ein und drehen Sie den Lautstärkeregler voll auf. Mit dem Frequenzknopf werden sie schnell einen Sender finden, der laut und klar aus dem Lautsprecher ertönt. Am Tage sind wahrscheinlich nur Stationen im Nahbereich zu empfangen. Suchen Sie also Ihren Ortssender. Etwa zwei Stunden nach Sonnenuntergang wird das Radio erst richtig munter. Sie können dann zahlreiche Fernsender hören.

Der Zeigerausschlag geht beim Empfang eines Senders zurück und gibt einen Hinweis auf die genaue Frequenzeinstellung. Das Messgerät erfüllt also zugleich auch die Funktion einer Abstimmungsanzeige, die bei alten Röhrenradios oft mit einer Anzeigeröhre realisiert wurde.

Die Ferritantenne des Radios reagiert empfindlich auf die Richtung. Die größte Signalstärke wird empfangen wenn sie quer zur Empfangsrichtung steht. Umgekehrt können Sie die Richtung des Senders besonders genau auspeilen, wenn Sie das Radio so drehen, dass der Sender fast ganz verschwindet. Diese Methode kann auch angewandt werden, wenn ein sehr starker Sender schwächere Stationen auf einer benachbarten Frequenz übertönt. Manchmal können Sie einen schwachen Sender besser hören, wenn Sie das Radio passend drehen.

Beobachten Sie einmal den Mittelwellenbereich am Abend. Etwa zwei Stunden nach Sonnenuntergang wird der Empfang immer besser. Sie hören zahlreiche Stationen aus ganz Europa. Oft haben Sie die Auswahl zwischen 30 Stationen oder mehr. Manchmal liegen die Frequenzen der Sender nahe beieinander. Achten Sie dann genau auf den Zeigerausschlag am Messgerät um die Frequenz einer Station so genau wie möglich abzustimmen.

# 9 Ein Kurzwellen-Audion

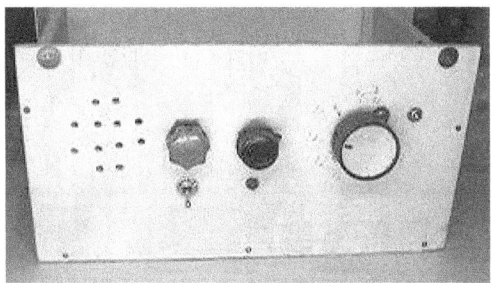

Die Anfänge des Fernempfangs sind eng mit dem Audion verbunden. Es wurde meist mit einer oder zwei Röhren aufgebaut. Außer dem Drehko zur Einstellung der Empfangsfrequenz hatte man den Rückkopplungsregler zur Entdämpfung des Schwingkreises. Wer damit geschickt umgehen konnte, holte auch noch das leiseste Signal aus dem Äther. In den Zeiten der Superhet-Empfänger wurde leicht vergessen, wie gut ein Audion sein konnte.

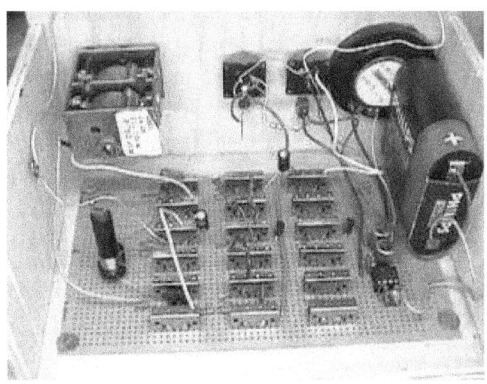

Mit den heutigen Bauteilen geht es aber noch viel besser! Mit einem Schwingkreis und wenigen Transistoren lässt sich ein guter

Kurzwellenempfänger aufbauen. Das hier vorgestellte Audion wurde in einem einfachen Holzchassis untergebracht. Die Platine enthält die wichtigsten Bauteile und Kontaktfedern, die aus einem KOSMOS-Elektronik-Baukasten genommen wurden. Die eigentliche Schaltung wird wie in einem Baukasten zusammen gesteckt.

Fest verdrahtet ist ein kleiner NF-Verstärker mit einem Doppel-OPV LM358. Man kommt damit auf einen Batteriestrom von nur 1 mA, so dass man mit gutem Gewissen eine Batterie fest einlöten kann. Die eigentliche Audionschaltung kann leicht verändert werden, um verschiedene Varianten auszuprobieren. Der fotografierte Aufbau verwendet einen NPN-Transistor in Audionschaltung und zwei PNP-Transistoren in einer separaten Entdämpfungsschaltung. Die Spannung am Rückkopplungspoti wird durch die Bereitschafts-LED stabilisiert. Die Spule hat mehrere Anzapfungen, sodass man die Kopplung der Antenne, des Audion-Eingangs und der Entdämperschaltung verändern kann. Im Normalfall überstreicht das Gerät etwa 5 MHz bis 12 MHz. Ein einziger zusätzlicher Kondensator schaltet die Frequenz auf das 80-m-Amateurfunkband um, wo man sehr gut SSB- und CW-Sender empfangen kann.

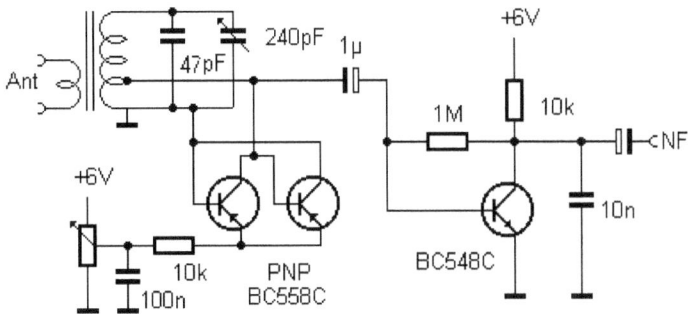

Die Schaltung zeigt den Kern des Empfängers. Der NPN-Transistor sorgt für die Gleichrichtung und Verstärkung des Signals. Die beiden PNP-Transistoren in Differenzverstärkerschaltung arbeiten praktisch als Oszillator. Man kann daher den fehlenden Träger für SSB- und CW-Empfang zusetzen. Für AM-Empfang stellt man den Strom jedoch so ein, dass gerade alle Verluste ausgeglichen werden und noch keine Schwingungen einsetzen. Bei optimaler Entdämpfung ergibt sich eine sehr gute Verstärkung und Trennschärfe. Auch die Großsignal- und Intermodulations-Probleme vieler anderer Empfänger kennt die Schaltung nicht, weil durch die Entdämpfung nur das Nutzsignal verstärkt wird. In der Praxis kann diese einfache Schaltung in Bezug auf Klang und Empfindlichkeit manchen Super-PLL-Weltempfäner der unteren Preisklasse in den Schatten stellen.

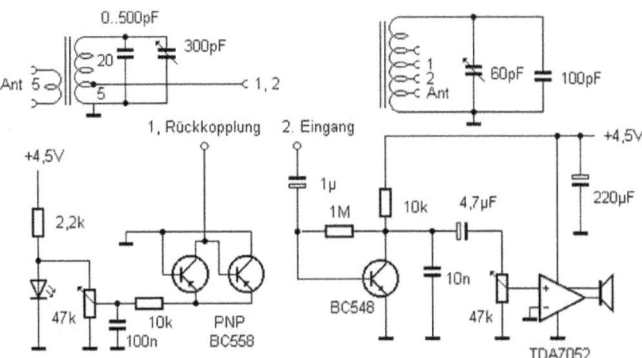

Burkhard Kainka

Die Schaltung ermöglicht zahlreiche Spulenvarianten für unterschiedlichen Frequenzbereiche oder mit Bandspreizung für einzelne Kurzwellenbänder. Ein Platinenprojekt mit zusätzlicher NF-Endstufe mit dem TDA7052 wurde in Elektor 11/2000 vorgestellt.

# 10 Das Breitband-PC-Radio

PC-Radios sind ja nichts ungewöhnliches. Aber mit Kurzwelle und dann noch breitbandig, das kann man nicht kaufen, das muss man selber bauen. Batterie oder Netzteil braucht man nicht. Die Stromversorgung kommt direkt vom PC, und zwar aus der seriellen Schnittstelle.

Das Radio wurde mit dem Experimentiersystem "Elektronik-Start mit dem PC" (auch bekannt unter "ELEXS") aufgebaut. Es wurden nur Bauteile aus der beiliegenden Tüte verwendet. Deshalb ist die Dimensionierung etwas ungewöhnlich. Meist wählt man den Basiswiderstand wesentlich größer. So geht es aber auch sehr gut. Antennenanschluss und der NF-Ausgang wurden mit Krokodilklemmen verbunden. Das NF-Signal wird in die Soundkarte des PCs eingespeist.

Als Antenne diente die Regenrinne. Sie ist bei manchen Häusern am unteren Ende beim Übergang in den Abwasserkanal durch eine Dichtung oder durch Zement isoliert. Damit hat man eine wunderbare Kurzwellenantenne. Wer dieses Glück nicht hat, muss einen Draht spannen. Ab fünf Metern Länge erhält man gute Ergebnisse.

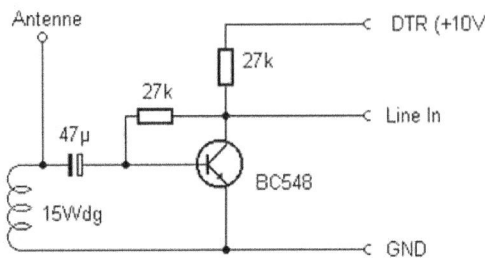

Die Schaltung zeigt diesen einfachen Audion-Empfänger. Der Transistor in Emitterschaltung demoduliert AM-Signale an seiner exponentiellen Eingangskennlinie. Da die Basis-Emitterdiode vorgespannt ist, reichen HF-Spannungen von einigen Millivolt für eine Demodulation. Die Audionschaltung ist daher wesentlich empfindlicher als eine einfache Dioden-Gleichrichtung.

Mancher wird sich fragen: wo ist denn da der Drehkondensator? Einen Drehko gibt's hier nicht. Der Empfänger ist extrem breitbandig und empfängt (gleichzeitig!) alle starken Sender vom 49-Meter-Band bis zum 19-Meter-Band. Die Spule wurde zweilagig mit 15 Windungen auf einen Bleistift gewickelt. Es ergibt sich eine Induktivität von etwa 2 μH. Der Transistor hat eine Basiskapazität von ca. 100 pF. Damit liegt die Resonanzfrequenz bei 11 MHz. Der geringe Eingangswiderstand des Transistors dämpft den Schwingkreis so, dass sich ein Gütefaktor um Eins ergibt, das heißt die Bandbreite liegt ebenfalls bei etwa 11 MHz. Also zwischen 6 MHz und 17 MHz kommt alles durch. Dieser völlige Verzicht auf die übliche Selektion bringt überraschende Ergebnisse.

Weniger ist mehr, spricht der Philosoph. Für den Nachrichtentechniker heißt das: Weniger Trennschärfe = mehr Bandbreite = mehr Information. In der Tat taucht man hier ein in ein Meer von Wellen und Tönen. Völker und Nationen verschaffen sich Gehör. Die besonderen Ausbreitungsbedingungen auf Kurzwelle bringen es mit sich, dass mal der eine und mal der andere Sender stärker hervortritt. Man hört Nachrichten in mehreren Sprachen gleichzeitig, Musik von Klassik bis Pop oder Volkslieder aus fernen Welten. Ohne die übliche Kurbelei schweift man völlig entspannt durch den ganzen Kurzwellenbereich.

Die Stromversorgung des Radios muss durch ein Programm (Hyperterminal reicht) erst eingeschaltet werden, indem man die Leitung DTR an der seriellen Schnittstelle von -10V auf +10V schaltet. Wenn das vermieden werden soll, kann man einen PNP-Transistor einsetzen. Die alternative Schaltung zeigt noch weitere Änderungen. Ingenieurmäßig korrekter ist es, wenn man einen Koppelkondensator einsetzt und nicht mit einem Gleichspannungsanteil auf den Eingang der Soundkarte geht. Außerdem gehört es sich eigentlich, dass man Reste der Hochfrequenz durch einen parallelen Kondensator kurzschließt. Mit diesen Änderungen passt das Radio auch ganz gut direkt an eine Stereoanlage, einen Endverstärker oder an Aktivboxen. Dann kann man auch den ganzen PC weglassen und statt dessen eine Batterie verwenden. Es geht fast alles zwischen 1,5 V und 12 V.

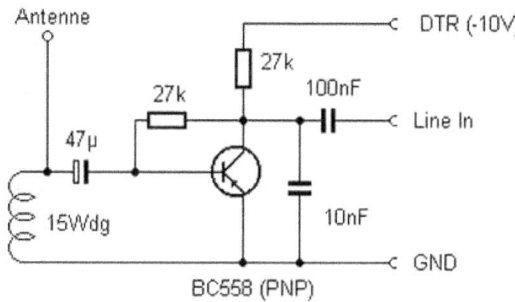

In den letzten zehn Jahren hat sich auf Kurzwelle viel geändert. Die Sendungen von Radio China hört man jetzt öfter, sie kommen manchmal von einer Relaisstation in Europa, z.B. vom Mittelwellensender in Luxemburg. In der letzten Zeit sind leider viele europäische Programme abgeschaltet worden, darunter auch die Deutsche Welle. Die Sender selbst stehen aber noch betriebsbereit und können gemietet werden. Einige ferne Länder hört man auf Kurzwelle deshalb aus der Nähe. Nicht allerdings Radio China auf den höheren Bändern, die Kurzwellensendungen kommen tatsächlich aus China! Derzeit ist Radio China International (CNN) sehr aktiv in Europa und sendet z.B. vom äußersten Westen Chinas in Kashi-Saibagh. Ist auch gar nicht so weit, nur ca. 4500 km auf dem kurzen Weg über Kasachstan. Auf den höheren Bändern ist das mit Richtantennen kein Problem. Auf den tieferen Frequenzen wird teilweise ein Sender in Albanien verwendet.

# 11 Emitterfolger-Audion

Ein Kurzwellen-Audion mit nur zwei Transistoren und mit einer Batterie von 1,5 V, das ist ein idealer Einstieg in die Kurzwellen-Empfangstechnik. Der Empfänger wird an einen aktiven PC-Lautsprecher angeschlossen und liefert eine überzeugende Empfangsleistung.

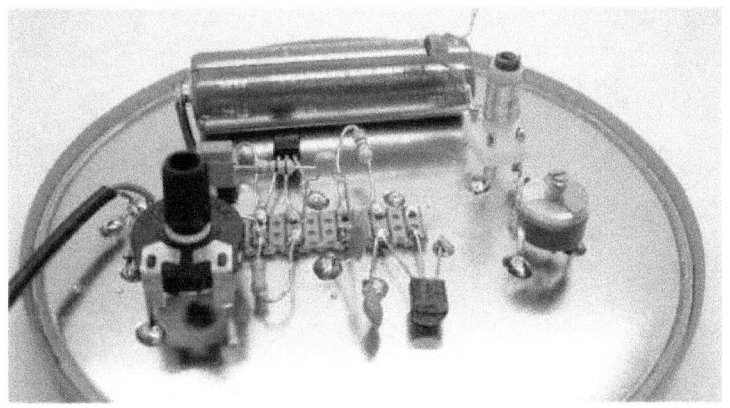

Die Schaltung weist eine Besonderheit auf. Der PNP-Transistor BC558C arbeitet als Audion in Kollektorschaltung (Emitterfolger). Warum das funktioniert? Es liegt an der internen BE-Kapazität des Transistors von wenigen pF. Es wird nur ein sehr geringer Emitterstrom benötigt um den Schwingungseinsatz zu erreichen. Mit dem Poti stellt man das Audion für AM-Empfang gerade vor den Schwingungseinsatz, für CW und SSB knapp darüber.

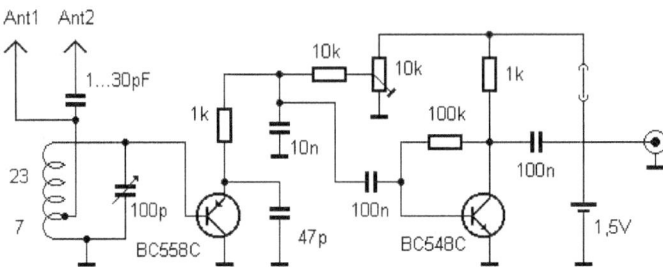

Die ganze Schaltung wurde auf den ausgeschnittenen Deckel einer Cappuccino-Dose gelötet. Als Drehko dient ein handelsüblicher 100-pF-Trimmer. Zusätzlich kann man auch mit dem Schraubkern der Spule abstimmen. Obwohl man die Senderwahl mit dem Schraubendreher betreibt, ist die genaue Einstellung einer Station problemlos.

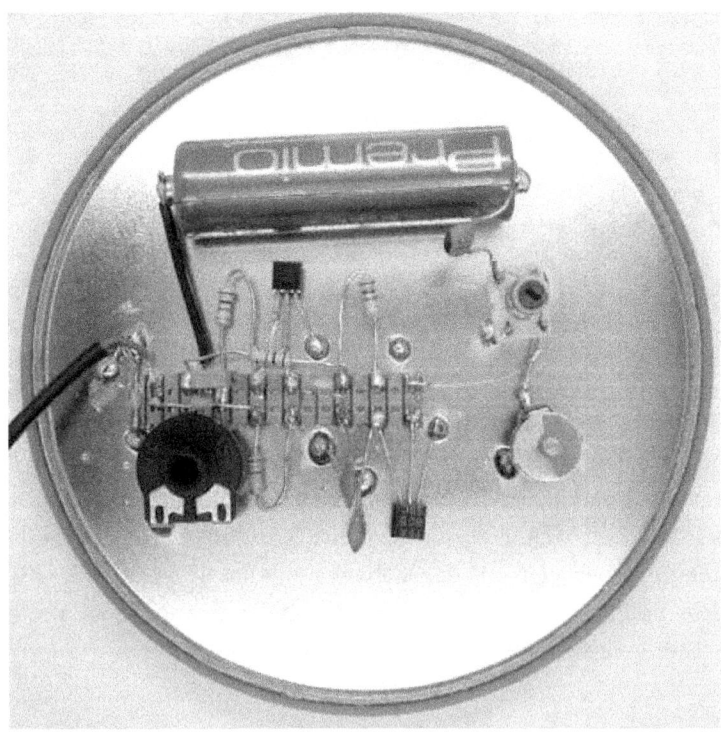

Das Audion weist einen weichen Einsatz der Rückkopplung auf und ist relativ leicht zu bedienen. Der Frequenzbereich des Empfängers reicht insgesamt vom 49-m-Band bis zum 31-m-Band. Zwischen 7,0 MHz und 7,1 MHz kann auch Amateurfunk in CW und SSB gehört werden. Als Antenne eignet sich ein Draht ab 3 m Länge.

# 12 Das Variometer-Audion

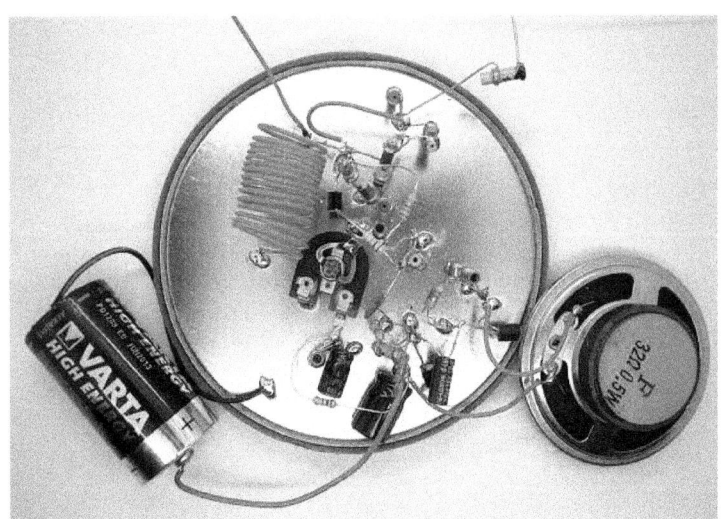

Das Emitterfolger-Audion wurde mit veränderter Abstimmung und für Lautsprecherbetrieb weiterentwickelt. Das Ziel war eine Schaltung ganz ohne HF-Spezialbauteile wie Drehko oder Kurzwellenspule, damit jeder gleich loslegen kann. Ein Lautsprecher, ein alter Blechdeckel und eine 1,5-V-Batterie sind dagegen überall vorhanden.

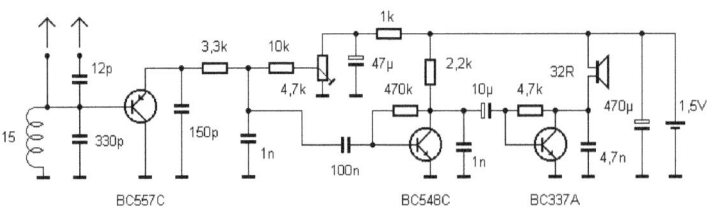

Statt des Drehkos hat das Audion einen Festkondensator, der je nach KW-Band aus mehreren Einzelkondensatoren zusammengelötet wird. Der Kern des Radios ist eine selbst gewickelte Variometer-Spule, die einen Feinabgleich durch Verbiegen zulässt. Hier wurden 17 Windungen stramm auf eine Mignon-Batterie gewickelt. Beim Abziehen von Wickeldorn ging die Spule etwas auseinander. Übrig blieben 15 Windungen mit einem Durchmesser von 17 mm.

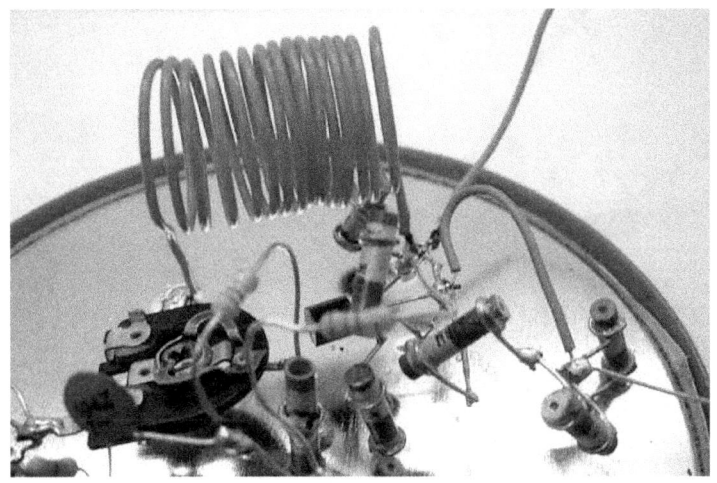

Wenn die gewünschte Frequenz und die passende Antennenkopplung grob gefunden sind, stellt man das Poti nahe an den Rückkopplungseinsatz, wobei ein Anstieg des Rauschens die gesteigerte Empfindlichkeit verrät. Dann wird die Spule vorsichtig verbogen, bis der gewünschte Sender klar zu hören ist. Im ersten Versuch war das ein starker Sender im 49-m-Band. Am Abend kommen aber noch andere Stationen hinzu. Jedenfalls ist die Frequenz mit etwas Geschick ebenso genau einzustellen wie mit einem Drehko.

Um die Abstimmung noch etwas zu vereinfachen bekam das Radio am Ende noch einen Hebel-Mechanismus zur einstellbaren Verlängerung der Spule.

# 13 Das Franzis-Kurzwellenradio

Das Franzis-Kurzellenradio ist ein Transistor-Audion für den Bereich 3,5 MHz bis 9,5 MHz. Hier wurde ebenfalls die Emitterfolgerschaltung verwendet, zusätzlich aber ein NF-Verstärker mit dem LM386.

Der Audion-Transistor T1 erfüllt drei Aufgaben: Verstärkung, Entdämpfung des Schwingkreises und Demodulation des HF-Signals. Der PNP-Transistor arbeitet als Emitterfolger. C2 und die interne Basis-Emitter-Kapazität von ca. 5 pF bilden einen kapazitiven Spannungsteiler. Zusammen mit dem Schwingkreis wird ein Colpitts-Oszillator gebildet. Durch passende Einstellung des Emitterstroms kann die Verstärkung so gewählt werden, dass der Oszillator gerade noch nicht anschwingt. Mit diesem Arbeitspunkt gleicht der Transistor alle Verluste aus, die im Schwingkreis auftreten. Der Gütefaktor kann von ca. 50 bis auf über. 1000 erhöht werden. Bei einer Empfangsfrequenz von 6 MHz beträgt die Bandbreite etwa 6 kHz, man kann also auch Sender trennen, die dicht nebeneinander liegen.

Die Entdämpfung führt gleichzeitig zu einer Anhebung der Signalamplitude. An der Basis können daher HF-Spannungen bis ca. 100 mV auftreten. Die AM-Signale werden an der gekrümmten Eingangskennlinie des Transistors demoduliert. Das NF-Signal erscheint dann am Emitter. R1 und C2 bilden ein Tiefpassfilter, das HF-Reste entfernt. T2 bildet einen NF-Vorverstärker für den integrierten Verstärker IC1. Die NF-Stufe verwendet ebenfalls einen PNP-Transistor damit beim Aufbau keine Verwechslungsgefahr entstehen kann.

Eine Besonderheit dieser Audionschaltung ist die direkte Kopplung des Transistors an den Schwingkreis. T1 arbeitet dabei mit einer Kollektor-Emitterspannung von nur ca. 0,6 V. Außerdem wirkt sich die Basis-Emitterkapazität von ca. 5 pF stark auf den Schwingkreis aus. Durch die enge Kopplung wird erreicht, dass der Transistor zugleich wie eine Kapazitätsdiode wirkt und eine Feineinstellung der Frequenz über den Rückkopplungsregler erlaubt. Da die Rückkopplung sehr weich einsetzt kann man die Frequenz um mehrere kHz ziehen, was vorteilhaft für den Empfang von SSB- und CW-Stationen ist.

Der Lautsprecherverstärker LM386 arbeitet direkt an einer 9-V-Batterie. Die Stromaufnahme hängt stark von der eingestellten Lautstärke ab. Bei geringer Lautstärker nimmt der gesamte Empfänger nur ca. 5 mA auf. Die LED dient nicht nur als

Betriebsanzeige sondern gleichzeitig zur Spannungsstabilisierung auf die LED-Durchlassspannung von ca. 1,8 V.

Der beiden Transistorstufen erhalten daher immer eine stabile Betriebsspannung.

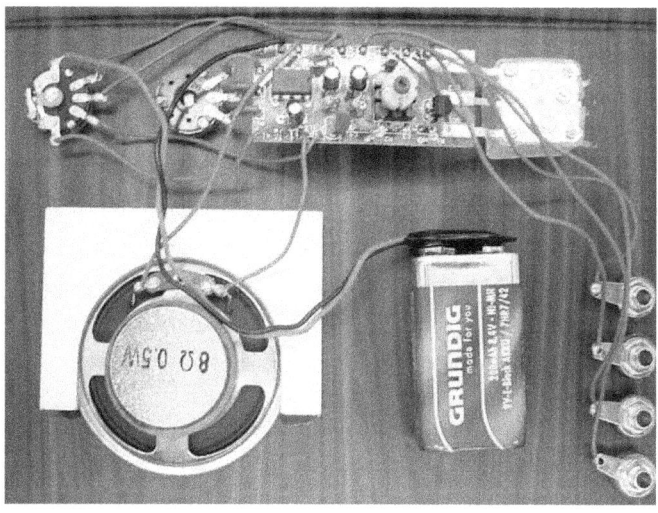

Beim Abstimmen der Frequenz werden Sie einzelne Kurzwellenbänder mit mehreren Sendern finden. Auf Kurzwelle erreicht man zwar auch am Tage eine hohe Reichweite, viele Sender werden jedoch erst am Abend eingeschaltet. Unterhalb 4 MHz befindet sich das 75-m-Band, das auf vielen Kurzwellenradios fehlt. Hier hört man am Abend einige wenige interessante Stationen. Das 49-m-Band bei 6 MHz ist mit zahlreichen europäischen Stationen dicht belegt. Einige Frequenzen werden nacheinander von verschiedenen Sendern benutzt. Das 41-m-Band oberhalb 7 MHz wird erst am Abend stark verwendet. Der Empfänger erreicht auch noch Teile des 31-m-Bands oberhalb 9 MHz. Allgemein erzielt man auf höheren Frequenzen größere Reichweiten. Oft lassen sich auch außereuropäische Stationen empfangen. Zwischen den Rundfunkbändern gibt es zahlreiche

Stationen in CW (Morse-Telegrafie), SSB (Einseitenband-Sprechfunk), RTTY (Funkfernschreiber) und Wetterfax (Bildfunk). All diese Stationen können nur mit angezogener Rückkopplung gehört werden.

Die beste Einstellung des Rückkopplungsreglers erfordert einiges Geschick und viel Übung. Beim schnellen Abstimmen über die einzelnen Rundfunkbänder kann man zunächst mit angezogener Rückkopplung abstimmen, wobei die einzelnen Sender mit starkem Pfeifen zu hören sind. Drehen Sie dann die Rückkopplung so weit zurück, dass die einzelnen Sender klar zu hören sind. Bei optimaler Einstellung der Rückkopplung und nicht zu starker Antennenkopplung ist das Audion sehr trennscharf und hat eine geringe Empfangsbandbreite von unter 10 kHz. Damit muss auch die Abstimmung des Drehkos sehr genau durchgeführt werden. Bei starken Stationen regelt sich die Rückkopplung selbst etwas zurück, die Bandbreite steigt damit an.

Testen Sie den Empfänger mit unterschiedlichen Antennen-anschlüssen und verschiedenen Antennenlängen sowie mit und ohne Erdanschluss. Eine lange Außenantenne kann am Anschluss A3 mit der geringsten Kopplung eingesetzt werden. Eine zu starke Antennenkopplung erkennen Sie daran, dass Sender zwar laut sind aber nicht mehr klar getrennt werden können.

Die aufgedruckte Frequenzskala reicht von 3,5 MHz bis 9,5 MHz. Damit die angezeigten Frequenzen möglichst genau stimmen müssen Sie den Empfänger abgleichen. Sie benötigen dazu zwei Radiostationen mit bekannter Frequenz am unteren und am oberen Rand des Bereichs oder ein zweites Radio zum Vergleich.

Stellen Sie zunächst den oberen Sender ein. Verstellen Sie dann den Trimmkondensator oberhalb C2 auf dem Drehko mit einem Schraubendreher, bis der Sender an der richtigen Stelle der Skala liegt. Im Allgemeinen muss der Trimmer auf geringste Kapazität und damit höchste Frequenz eingestellt werden. Stellen Sie dann einen Sender am unteren Bereich ein. Verstellen Sie nun den Ferrit-Schraubkern der Spule, bis die Skala optimal stimmt. Die Frequenz wird tiefer, wenn der Kern tiefer in die Spule eintaucht. Dabei kann sich auch die obere Einstellung wieder etwas verschieben. Wiederholen Sie also die Einstellung am oberen Ende noch einmal.

Empfangen Sie Morsesender am unteren Ende des 80-m-Amateurfunkbands ab 3,5 MHz. Die Rückkopplung sollte dabei gerade über dem Schwingungseinsatz eingestellt sein. Die gehörte Frequenz entspricht dem Abstand der Sendefrequenz von der Oszillatorfrequenz des Audions. Verwenden Sie den Rück-kopplungsregler zur Feineinstellung der Frequenz. Da der Rückkopplungseinsatz sehr weich ist können Sie einige Kilohertz abstimmen ohne den Bereich optimaler Empfindlichkeit zu verlassen. Vermeiden Sie eine überstarke Rückkopplung, denn dabei sinkt die Empfindlichkeit und der Empfänger wird zu einem kleinen Sender, der benachbarte Empfänger stören kann. Weitere CW-Sender finden Sie im 40-m-Amaterufunkand ab 7 MHz.

Die übliche Sprechfunk-Betriebsart im Amateurfunk ist SSB (Single Side Band, Einseitenband-Modulation). Um diese Stationen empfangen zu können muss mit angezogener Rückkopplung ein eigener Träger zugesetzt werden. Der Empfang erfordert eine sehr genaue Einstellung der Frequenz, was mit dem Rückkopplungsregler als Feineinsteller gelingt. Wenn Sie eine typische Mickymausstimme hören muss die Frequenz etwas korrigiert werden. Die richtige Einstellung gelingt mit etwas Übung. SSB-Sender finden Sie vor allem am Abend im 80-m-Band zwischen 3,6 MHz und 3,8 MHz sowie im 40-m-Band zwischen 7 MHz und 7,2 MHz. Außerdem können Sie kommerzielle SSB-Stationen zwischen den Rundfunkbändern finden, z.B. den Flugwetterdienst bei 5,5 MHz.

Mit angezogener Rückkopplung ist noch vieles mehr zu entdecken. Maschinentelegrafen erkennen Sie an ihrem trällernden Ton. Der Deutsche Wetterdienst sendet regelmäßig Wetterfax-Bilder bei 3855 kHz mit 120 Zeilen pro Minute. Man hört ein regelmäßiges Signal mit zwei Durchläufen pro Sekunde. Für die Dekodierung solcher Stationen gibt es besondere Geräte und auch PC-Software.

In den Rundfunkbändern treffen Sie auch auf Stationen mit dem digitalen Übertragungsverfahren DRM (Digital Radio Mondiale). Mit dem Audion hören Sie nur ein starkes Rauschen. Zur Dekodierung braucht man einen sehr stabilen Empfänger, einen PC und die passende Decoder-Software. Die Sender übertragen ihr Programm dabei mit UKW-ähnlicher Qualität, mit zusätzlichen Textmeldungen und teilweise in Stereo. Der Empfänger allein ist nicht ausreichend stabil, kann jedoch zusammen mit einem externen Oszillator für den DRM-Empfang eingesetzt werden. Ein passender DRM-Erweiterungssatz ist für dieses Radio erhältlich.

Mir Ihrem Kurzwellenradio gibt es noch viel mehr zu entdecken. Weitere Empfangsversuche, Tipps und Tricks sowie Erweiterungen des Empfängers werden im Elektronik-Labor www.elektronik-labor.de beschrieben.

# 14 Das Pentoden-Audion

Die russische Röhre 12SH1L hat es mir angetan. Heizung nur 12V/75mA, dazu tauglich für kleine Anodenspannung. Es ist eine indirekt beheizte Pentode, geradezu ideal für ein Audion mit einstellbarer Rückkopplung. Die Röhre befindet sich normalerweise in einer Metallabschirmung, die allerdings aus Gründen der Optik entfernt wurde. Röhren müssen aus Glas sein!

Die 12SH1L hat einen Loctal-Sockel, eine Fassung dafür liegt nicht gerade überall herum. Aber man kann die 1,3-mm-Stifte einfach mit Kontakten aus PC-Steckern verbinden. Das Chassis ist einfach eine Pappschachtel. Die Röhre sticht sich selbst die passenden Löcher für eine brauchbare Fassung. Von unten werden dann die Kontakte einzeln aufgeschoben.

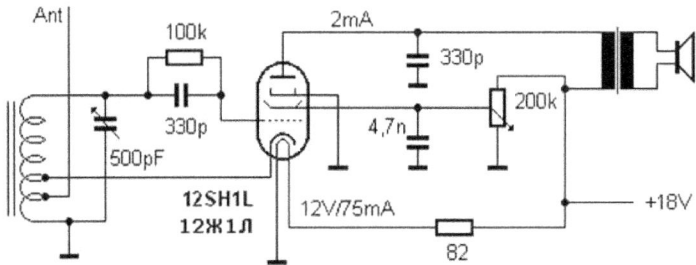

Das Audion wurde für Kurzwelle ausgelegt. Über eine Anzapfung der Spule wird die Rückkopplung realisiert. Die Schirmgitterspannung wird über den Rückkopplungsregler eingestellt. So verändert man die Steilheit der Röhre und damit den Rückkopplungs-Einsatz. Im Anodenkreis liegt ein Übertrager zum Anschluss eines Kopfhörers. Ich war selbst völlig überrascht, dass eine einzelne Pentode ausreicht. Das Ergebnis kann sich jedenfalls hören lassen. Mit ausreichender Lautstärke und gutem Klang konnten gleich am ersten Abend zahlreiche Sender von Dänemark bis zum fernen Taiwan, vom nahen Osten bis Kanada empfangen werden. Die Antenne war das Kupferrohr der Heizung. Die Spule zeigt bei schwacher Kopplung eine große Güte, weil das Gitter extrem hochohmig ist. Bei insgesamt 20 Windungen liegt die Antenne an einer Anzapfung bei der 2. Windung, die Rückkopplungs-Anzapfung bei der 3. Windung. Die ganze Spule wurde mit CuL 1 mm auf eine Mignon-Batterie als Dorn gewickelt und dann als freitragende Luftspule auf den Drehko gesetzt.

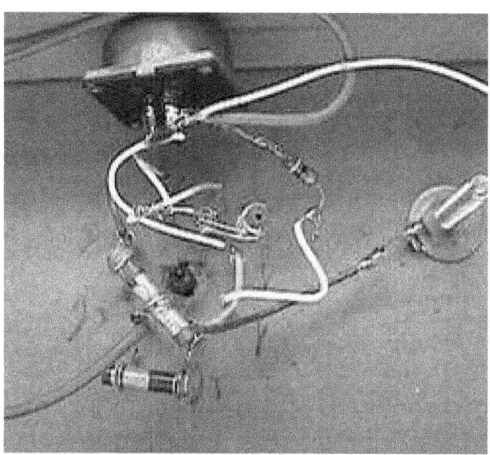

Trotz der geringen Heizleistung zeigt die Röhre eine enorme Verstärkung. Eine Anodenspannung von 12 V reicht aus. Weil ein passender Laptop-Akku mit 18 V übrig war, wurde alles für diese Spannung ausgelegt. Ein Vorwiderstand reduziert die Spannung am Heizfaden. Das ganze ist wirklich Batterie-tauglich. Die Röhre wird nicht mal merklich warm. Man sieht auch kein Glühen der Kathode. Jedenfalls brauchen die EF80, EF89 und ähnliche Röhren wesentlich mehr Leistung. Ich verneige mich vor den russischen Ingenieuren, die diese Röhre gebaut haben!

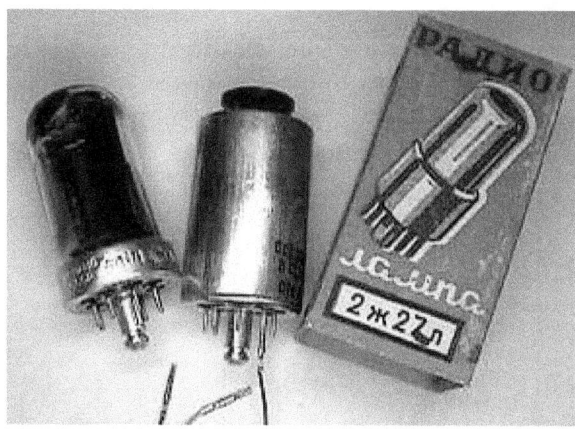

In Russland wurden wesentlich länger Röhren eingesetzt als bei uns. Deshalb wurden sie auch wesentlich weiter entwickelt. Das

Ganze ist wohl eine Folge des kalten Krieges. Die militärische Nutzung sieht man auch an den Schnell-Ausziehknöpfen auf der robusten Metallhülle. Wenn dann der kalte Krieg mal heiß geworden wäre, hätte der erste elektromagnetische Puls schon jede Menge westliche Transistoren zerstört, während die östlichen Röhren dagegen immun waren. Und während der russische Fernmelder bei Bedarf blitzschnell seine Röhren gewechselt hat, heizt sein amerikanischer Kollege noch den Lötkolben an, um seine Dual-Gate-MOSFETs auszutauschen. Nur gut, dass es nie so weit gekommen ist! Als friedenssichernde Maßnahme werden jetzt alle militärischen Röhren zu Audioempfängern verbastelt.

# 15 Kurzwellenaudion für AM und DRM

Ich hab´s wollen wissen: Bekommt man ein Röhren-Kurzwellenaudion so stabil, dass es sogar für DRM taugt? Und das ganze sollte mit 6 V auskommen, damit nur eine Spannung für Heizung an Anode nötig ist. Da bietet sich die EL95 an, zwar eigentlich keine HF-Röhre sondern eine Endpentode, aber mit ordentlicher Steilheit auch bei kleiner Anodenspannung. Außerdem braucht sie nur sparsame 200 mA für die Heizung. Alles kann mit einem kleinen Akku betrieben werden, so dass es keine Probleme mit 50-Hz-Brummen gibt.

Die Stabilität steht und fällt mit dem Schwingkreis. Also wurde eine kräftige Spule mit 20 Windungen aus 1,5 mm dickem Draht auf ein

PVC-Rohr mit 18 mm Durchmesser gewickelt. Mit kurzen Verbindungen zum Luftdrehko erhält man eine hohe Leerlaufgüte weit über 300. Auch alle anderen Verbindungen sind sehr stabil ausgelegt. Nichts darf wackeln oder mechanisch schwingen. Sogar die Röhre wurde an ihrem Glasstutzen schwingungsdämpfend abgestützt.

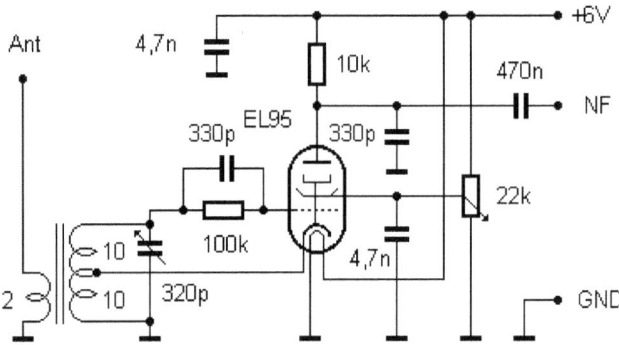

Die Schaltung zeigt ein ECO-Audion mit Rückkopplung über die Kathode. Über die Schirmgitterspannung stellt man die Rückkopplung ein. Am Ausgang liegt ein Anodenwiderstand, an dem die NF-Signalspannung kapazitiv ausgekoppelt wird. Mehr Verstärkung ist nicht nötig. Die Spannung reicht für den direkten Anschluss an den Line-Anschluss der PC-Soundkarte. Zur Verbindung wird ein abgeschirmtes Kabel verwendet.

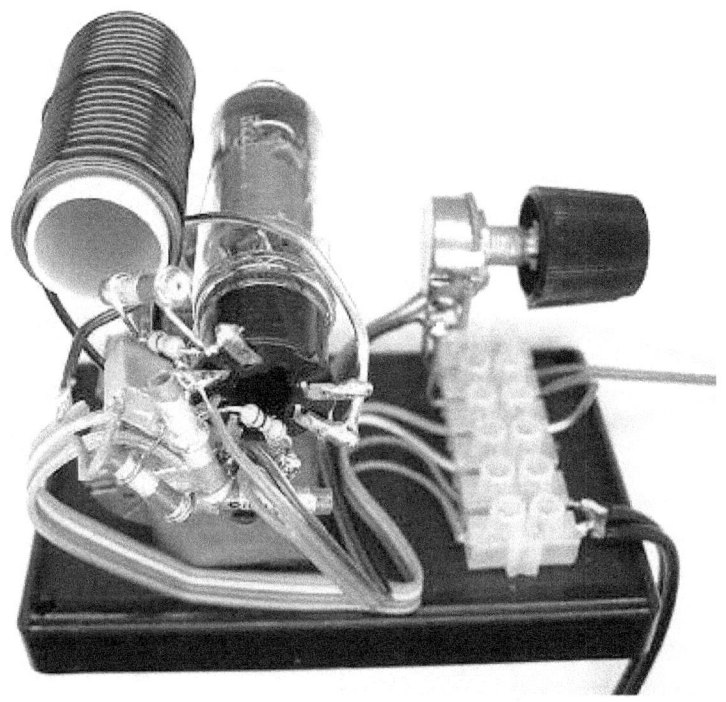

Am kalten Ende des Schwingkreises liegt eine Antennenspule mit zwei Windungen. Die Antenne ist damit sehr lose angekoppelt, was für eine gute Stabilität wichtig ist. Und so sind auch die Ergebnisse. Trotz der offenen Bauweise driftet die Frequenz weniger als 1 Hz pro Minute. So muss es sein, wenn man DRM empfangen will. Die Rückkopplung sollte stark angezogen werden, das Audion arbeitet dann wie ein Direktmischer oder wie eine selbstschwingende Mischstufe. Übrigens lässt sich die Frequenz mit dem untersetzten Drehkotrieb leicht einstellen. Mit DREAM sieht man jedes starke DRM-Signal und kann es auf 12 kHz bringen. In einzelnen Fällen hat es sich als günstig erwiesen, etwas höher oder tiefer abzustimmen, um Spiegelstörungen aus dem Weg zu gehen. In diesem Punkt ist der Empfänger sogar einem quarzstabilen DRM-Empfänger überlegen.

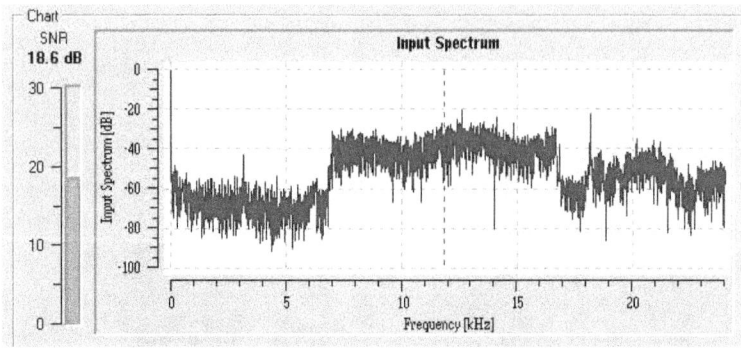

Das Bild zeigt DREAM beim Empfang von RTL DRM 2 auf 5990 kHz mit. Insgesamt konnten sechs verschiedene DRM-Frequenzen im 49- und 41-m-Band empfangen werden. Aber wenn mal keine guten DRM-Stationen vorhanden sind, kann der Empfänger auch AM-Sender aufnehmen. Die Rückkopplung muss nur weiter zurück gedreht werden. Der PC darf aus bleiben, denn nun reicht eine direkte Verbindung zur PC-Aktivbox. Am Abend macht AM-Rundfunk viel Spaß, besonders mit diesem Empfänger, dessen Bau weniger als zwei Stunden gebraucht hat.

Der DRM-Empfang ist trotz aller Stabilität schwieriger als mit einem quarzstabilen oder DDS-abgestimmten Empfänger. Starke Nachbarsender können das Audion mitziehen oder die Frequenz beeinflussen. Oft muss man diese oder jene Einstellung probieren. Aber man kann auch aus der Not eine Tugend machen und sich den hochstabilen Oszillator eines AM-Rundfunksenders leihen. Dazu stimmt man genau auf den Träger einer benachbarten AM-Station ab. Die Audionfrequenz rastet auf diesen ein und ist phasenstarr mit ihm gekoppelt. Das DRM-Nutzsignal erscheint dann z.B. genau auf 10 kHz oder 15 kHz. Und tatsächlich, dann klappt's auch mit DRM.

# 16 Der Kosmos-Radiomann

1924 wurde in Deutschland der erste Rundfunksender in Betrieb genommen. Beim Kosmos-Verlag gab es deshalb Bestrebungen, das 80-jährige Jubiläum des Rundfunks im Jahre 2004 mit einem dazu passenden Experimentierkasten zu begehen. Immerhin war ja Kosmos seit 1935 mit einer langen Tradition von Radio-Baukästen eng mit dieser Entwicklung verbunden. Das Datum 2004 war dann nicht mehr zu schaffen, aber ein Jahr später hat es doch noch geklappt: Der Jubiläums-Baukasten „70 Jahre Radiomann" kam pünktlich zum Herbst 2005. Von seiner Entwicklung soll hier berichtet werden.

Als zum ersten Mal eher beiläufig davon die Rede war, dass man bei Kosmos einen neuen Radiomann plante, wurde ich hellhörig und bot sofort meine Hilfe an. Das Thema Röhren hatte mich nämlich schon seit einiger Zeit wieder neu fasziniert. Vor vielen Jahren hatte ich zwar im Zusammenhang mit dem Amateurfunk viel mit Röhren gearbeitet, dann aber dem Trend der Zeit folgend modernen Halbleitern den Vorzug gegeben. Irgendwo lagen jedoch immer noch viele alte Röhren herum. Und als ich eines Tages eine Niederspannungsröhre ECC86 entdeckte, kam der Wunsch wieder hoch, noch einmal ein einfaches Röhrenradio zu basteln. Aus einem Radio wurden dann viele, und schließlich kristallisierte sich heraus, dass es tatsächlich sehr viele Röhren gibt, die man erfolgreich mit kleinen und ungefährlichen Anodenspannungen betreiben kann.

Mit diesem Hintergrund bot ich Kosmos an, einen Prototyp für einen möglichen neuen Radiomann zu bauen. Dabei ging es zunächst darum, Bauteile auszuwählen, die auch tatsächlich noch zu beschaffen sind. Der entscheidende Punkt war die Wahl der Röhre. Der erste Radiomann von 1935 hatte die Raumladungsröhre RE074D oder DM300 verwendet. Um 1960 herum verwendete man die Niederspannungsröhre EF98, die ursprünglich für Autoradios entwickelt worden war. Der neue Baukasten sollte eine Röhre bekommen, die noch aktuell produziert wird, denn niemand konnte sagen, wie viele Auflagen der neue Radiomann erreichen würde. Deshalb schlug ich die ECC81 oder ECC82 vor, die nach meinen Vorversuchen mit einer Spannung von 12 V zu brauchbaren Ergebnissen führte.

Die Schaltung mit einer ECC81 war schnell entwickelt. Die erste Stufe arbeitet als ECO-Audion, die zweite als NF-Verstärker. Der Prototyp wurde auf einem Holzkästchen als Chassis aufgebaut. Ein älterer Luftdrehko und ein kleine Netztrafo als Ausgangsübertrager waren auch schnell gefunden. Das Radio lief mit 12 V Anoden- und Heizspannung aus acht Mignon-Zellen. Es war ausreichend lauter Kopfhörerbetrieb möglich. Über Steckspulen mit 4-mm-Steckern konnte der Empfangsbereich gewechselt werden. Möglich war Mittelwelle oder Kurzwelle. Als ich mit der Schaltung zufrieden war, schickte ich das Radio zum Kosmos-Verlag nach Stuttgart.

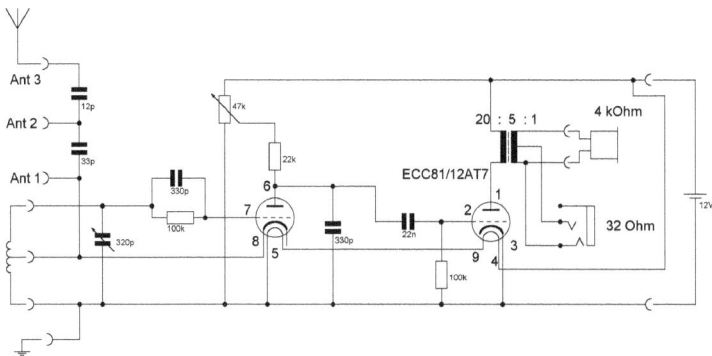

Dort gingen die Überlegungen dann weiter. Kann so etwas tatsächlich noch produziert werden? Diese Frage sollte als erste geklärt werden. Wer kann die Röhre liefern, woher ist ein Luftdreko zu bekommen, wie sieht es mit großen Köpfhörern aus? Nach nicht allzu langer Zeit kam dann tatsächlich ein Prototyp des Radios an. Es war äußerlich meinem Aufbau verblüffend ähnlich. Interessant war der große Drehko im alten Stil. Auch ein hochohmiger Kopfhörer mit dicker Gummipolsterung war dabei. Und die Funktion des Radios war absolut vergleichbar mit meinem Prototyp.

Na, dann ist ja alles klar, dachte ich, so kann es gebaut werden. Ganz so einfach war es dann aber doch nicht. Es war nur klar geworden, dass es möglich ist, ein kleines Röhrenradio zu bauen. Aber nun ging es um die Kosten und um den Stil. Aus Kostengründen musste recht schnell auf den hochohmigen Kopfhörer verzichtet werden. Man entschied sich für einen modernen 32-Ohm-Stereokopfhörer, der durch Massenproduktion erschwinglich ist. Die nötige Anpassung an die Röhrenimpedanz sollte ein kleiner Übertrager besorgen, wobei ein preiswerter Netztrafo sich als ausreichend erwies. Der Drehko musste noch einmal gegen einen etwas kleineren Typ ausgetauscht werden, der leichter zu beschaffen war. So kam ein zweiter Prototyp.

Vor den Verkauf haben die Gesetze allerdings noch zahlreiche Prüfungen gesetzt. Da geht es um das CE-Zeichen wegen möglicher Funkstörungen und um die Spielzeugrichtlinien, die beachtet werden müssen, wenn Kinderspielzeuge entwickelt werden. Kosmos nimmt dieses Thema sehr ernst und lässt jeden Baukasten überprüfen.

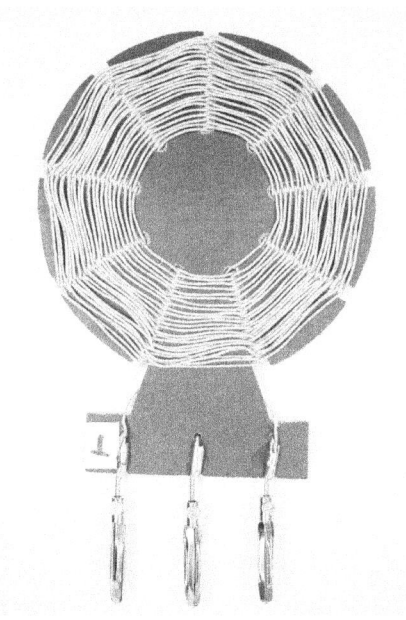

Die Überprüfung beim TÜV brachte ein schockierendes Ergebnis: 4-mm-Stecker sind im Kinderzimmer ein Tabu! Sie passen nämlich wunderschön in die Steckdose! Wir hatten einen Antennendraht mit Bananenstecker vorgesehen, damit war es nun vorbei. Noch schlimmer war aber, dass unsere Steckspulen ebenfalls mit diesen Steckern ausgerüstet waren. Obwohl die Spulen drei Anschlüsse hatten, konnte man sie mit genügend jugendlicher Experimentierfreude in Steckdosenleisten mit schräg gestellten zweipoligen Anschlüssen einführen. Da Projekt drohte zu scheitern!

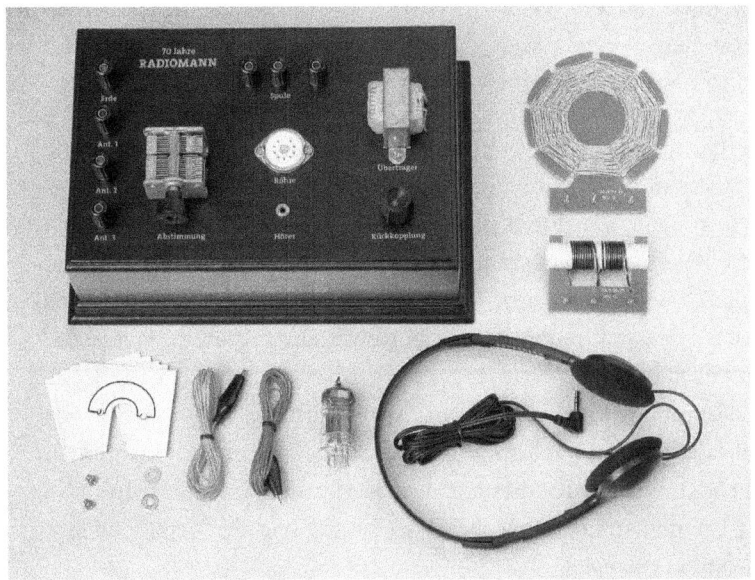

Der rettende Hinweis kam vom TÜV selbst: Die verwendeten Labor-Buchsen mit Querloch eignen sich bei genauer Ausrichtung für modifizierte Spulen mit dünnen Stiften. Diese müssen dann mit der Überwurf-Isolierhülle festgeklemmt werden und haben damit ebenfalls einen guten Kontakt mit geringem Übergangswiderstand. So wurde es gemacht. Und deshalb hat der fertige Radiomann nun zwar 4-mm-Laborbuchsen, aber keine entsprechenden Stecker. Diese Tatsache hat andererseits viele Anwender bewogen, zuerst einmal „richtige" Spulen mit Stecker zu bauen. Das ist auch kein Problem, denn Leute, die so etwas bauen können, stecken es nicht in die Steckdose.

Der zweite Schock folgte auf dem Fuß: Der Radiomann fiel in seiner ersten Fassung durch die EMV-Prüfung. Ich hatte ja gleich ein ungutes Gefühl. Kann ein Audion heute überhaupt noch zugelassen werden? Immerhin wird es ja bei übermäßig stark angezogener Rückkopplung zu einem kleinen Sender. Aber das eigentliche Problem lauerte nicht da, wo ich es vermutet hätte.

Tatsächlich lagen mögliche Ausstrahlungen über die Antenne noch im Rahmen der erlaubten Grenzwerte. Die EMV-Richtlinie wird nämlich erst oberhalb von 30 MHz richtig streng.

Unterhalb von 30 MHz geht es primär darum, welche HF-Leistung ungewollt an das Lichtnetz abgegeben wird. In diesem Fall ging es um Störungen, die durch die vorgesehene Netzteilbuchse und ein angeschlossenes Steckernetzteil in die Netzleitung eindringen konnten. Bei einer ganz bestimmten Einstellung des Audions wurden die Grenzwerte überschritten: Wenn mit der Kurzwellenspule im Frequenzbereich oberhalb etwa 15 MHz die Rückkopplung voll aufgedreht wird, arbeitet das Radio als Pendelaudion, was auch für entsprechende Versuche im Handbuch verwendet wurde. In dieser Betriebsart treten aber HF-Impulse hohe Energie auf, die über die Masseleitung und die Netzteilbuchse nach außen gelangen.

Es folgten Versuche, die HF-Ströme auf der Netzteilleitung mit Ferritkernen zu dämpfen, leider ohne Erfolg, denn die erreichte Dämpfung wirkt sich direkt auf die Schwingkreisgüte aus, weil Antenne und Erde insgesamt mit in den Schwingkreis eingehen. Eine gute Störungsdämpfung führte deshalb gleichzeitig dazu, dass das Radio nicht mehr ordnungsgemäß arbeitete. Abhilfe schaffte nur eine sehr gute Erdung, die man allerdings kaum voraussetzen kann.

Also lautete der Beschluss, dass das Radio ohne Netzteil auskommen muss. Damit war ich einverstanden, auch weil damit ein weiteres Problem entschärft war: Einfache Netzteile haben oft noch ein kleines Restbrummen, dass sich im Audion übermäßig stark auswirkt. Bei reinem Batteriebetrieb gibt es diese Probleme nicht. Und bei einem Heizstrom von 150 mA sollte ein Batteriesatz etwa zehn Stunden Betriebsdauer ermöglichen.

# 17 Radios mit Batterieröhren 2SH27L

Wenn man mit Röhren experimentiert, hat man es oft mit hohen Spannungen und erheblicher Leistungsaufnahme zu tun. Batterieröhren sind speziell für den portablen Einsatz und geringe Leistungsaufnahme entwickelt worden. Die 2SH27L wurde vor allem für militärische Funktechnik entwickelt und gelangte erst nach dem Ende des kalten Krieges in die Hände des interessierten Hobbyelektronikers. Bemerkenswert ist die geringe Heizleistung von knapp über 100 mW (2,2 V, 57 mA). Die hier vorgestellten Versuche sind Teil des „Experimentierset Batterieröhren" von AK Modul-Bus. Es enthält zwei dieser Röhren und passende Steckkontakte für einfache Experimente.

Die geringe Heizleistung ist nur möglich, weil die Röhre eine direkt geheizte Kathode besitzt, der Heizfaden ist also zugleich die Kathode. Wenn man an Pin 1 und Pin 8 der Röhre eine Heizspannung von 2,2V bis 2,4 V anlegt, sieht man bei geöffneter Röhrenumhüllung den schwach glühenden Heizfaden.

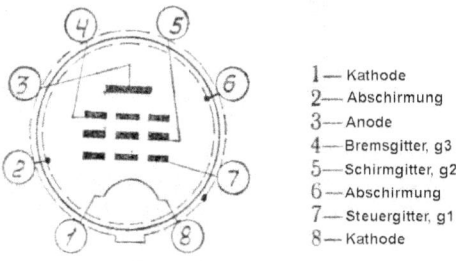

1 — Kathode
2 — Abschirmung
3 — Anode
4 — Bremsgitter, g3
5 — Schirmgitter, g2
6 — Abschirmung
7 — Steuergitter, g1
8 — Kathode

Die Versuche mit dem Experimentiermaterial sollen in fliegendem Aufbau durchgeführt werden. Statt einer teuren Loktalfassung werden Steckkontakte einzeln aufgesteckt und an diese direkt Drähte und Bauteile angelötet. Sie können die Aluminiumumhüllung entfernen, damit die Röhre auch innen betrachtet werden kann. Für die experimentelle Arbeit ist die Umhüllung aber von Vorteil. Man kann den Ausziehknopf abschrauben und das M3-Loch zur Befestigung der Röhre verwenden. Sie könnten also z.B. beide Röhren auf ein Brettchen schrauben.

Ein Audion ist eine Empfangsschaltung, in der die Röhre gleichzeitig das HF-Signal demoduliert und verstärkt. Hier wird die Röhre als Triode geschaltet. Das HF-Signal gelangt über einen Koppelkondensator auf das Gitter. Die Demodulation erfolgt über die gekrümmte Kennlinie der Röhre. Am Gitter stellt sich eine Vorspannung von ca. −0,2 V ein. Es fließt nur ein sehr geringer Gitterstrom von 0,2 μA. Der Eingang ist daher sehr hochohmig und dämpft den Schwingkreis kaum.

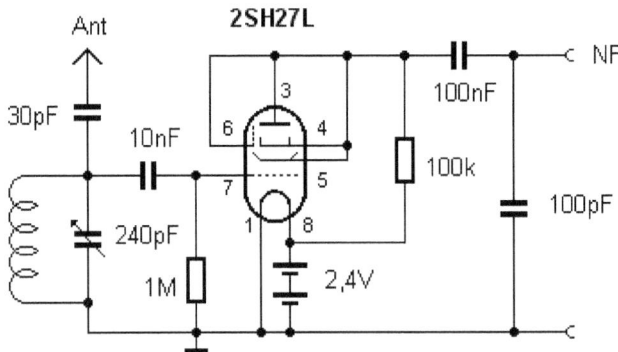

Die Spule richtet sich nach dem gewünschten Frequenzbereich. Die Schaltung arbeitet sowohl im Mittelwellen- wie im Kurzwellenbereich. Die Antenne kann statt über einen Koppelkondensator auch direkt oder über eine Anzapfung an den Schwingkreis gelegt werden. Die optimale Antennenkopplung sollte experimentell ermittelt werden.

Die Empfangsleistung der Schaltung hängt stark von der verwendeten Antenne ab. Gut eignet sich ein 10 m langer Draht, der im Freien möglichst hoch abgespannt wird. Die NF-Ausgangsspannung des Detektors reicht dann für die direkte Ansteuerung einer Aktivbox. Auf Mittelwelle kann der Ortssender und am Abend auch Fernsender empfangen werden. Auf Kurzwelle hört man auch Am Tage ferne Sender.

Die Schaltung kommt mit einer Anodenspannung von nur 2,4 V aus, sodass nur eine Batterie benötigt wird. Entsprechend fließt nur ein geringer Anodenstrom von ca. 5 μA. Mit einem hochohmigen Anodenwiderstand von 100 kΩ erreicht man dennoch eine gewisse Verstärkung. Die Schaltung ist deshalb wesentlich empfindlicher als ein Detektorradio. Als nachfolgender NF-Verstärker kann entweder eine Aktivbox oder eine zweite Röhrenstufe eingesetzt werden.

Ein Audion erreicht erst mit einer einstellbaren Rückkopplung seine höchste Leistung. Ein Teil der HF-Energie wird verstärkt und in den Schwingkreis zurückgekoppelt. Bei zu hoher Verstärkung entstehen Eigenschwingungen, d.h. das Audion wird zu einem Sender. Die Verstärkung wird hier über ein Poti eingestellt, mit dem man die Schirmgitterspannung verändert.

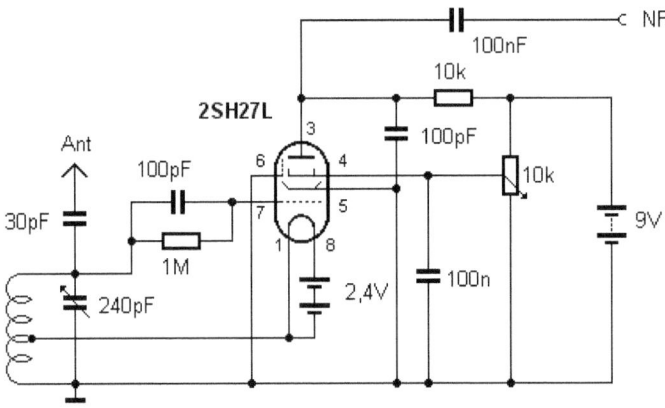

Die Schaltung entspricht dem bei indirekt geheizten Röhren beliebten ECO-Audion (Electron Coupled Oszillator). Diese Schaltung hat den Vorteil, dass keine zusätzliche Koppelwicklung für die Rückkopplung benötigt wird. Bei der Verwendung einer direkt geheizten Röhre tritt jedoch der Nachteil auf, dass die Heizbatterie nicht geerdet werden kann, sondern auf einem HF-Potenzial liegt. Um Stabilitätsprobleme zu vermeiden, muss die Batterie nahe an der Röhre angeordnet werden. Leider ist es nicht möglich, mit derselben Heizbatterie eine zweite Röhre z.B. für einen nachfolgenden NF-Verstärker zu heizen.

# 18 Das 2SH27L-Tetroden-Audion

Kürzlich kam ich ein Radiogehäuse von Andreas Kirschner. Da erwachte der Plan, ein neues Audion zu bauen. Als Röhren wurde die 2SH27L ausgesucht, weil sie so wenige Heizleistung brauchen und gut aussehen. Dazu passt die Luftspule von Reinhöfer Electronic (www.roehrentechnik.de). Der Spulenbaussatz ist für einen fünfpoligen Europasockel ausgelegt und ist ideal für ein Kurzwellenaudion mit Steckspulen. Wie man die Röhren aus der Metallumhüllung auspackt, steht in Jogis Röhrenbude: www.jogis-roehrenbude.de

Jetzt ist das Radio in der ersten Version fertig. Damit noch später was geändert werden kann, wurde erst mal statt der mitgelieferten

Holzplatte eine Grundplatte aus Karton gebaut. Die Schaltung zeigt einige Besonderheiten. Man beachte das Bremsgitter der Audionröhre, das hier als Anode dient. Die Anode selbst ist mit - 2,4 V kalt gestellt. Das Audion arbeitet also effektiv mit einer Tetrode.

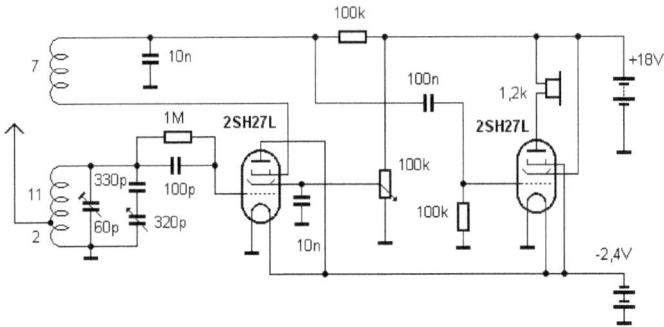

Ein Vorteil der 2SH27L ist ihre geringe Heizleistung von 2,2 V * 57 mA = 125 mW (zum Vergleich: 1890 mW bei der EF80). Deshalb kann man einen sehr sparsamen Batterieempfänger bauen. Für die Heizung werden zwei NiCd-Zellen mit 2,4 V verwendet. Die Anodenspannung kommt von zwei 9-V-Blöcken. Insgesamt braucht man nur ca. 1 mA Anodenstrom, deshalb halten die Anodenbatterien lange. Und trotzdem zeigt die Schaltung eine sehr gute Empfangsleistung und Lautstärke sogar ohne einen Ausgangsübertrager, also direkt an einem hochohmigen Kopfhörer (Sennheiser HD414).

Eine direkt geheizte Röhre ermöglicht nicht die sonst beliebte Rückkopplung über die Kathode. Deshalb wurde hier eine zusätzliche Koppelwicklung aufgebracht. Außerdem arbeitet die Röhre mit einer positiven Vorspannung von +2,4 V am Gitterwiderstand, bezogen auf den negativen Heizanschluss. Diese Einstellung bringt genügend Verstärkung schon bei kleiner Anodenspannung.

Warum aber wurde das Bremsgitter als Anode verwendet? Ich muss zugeben, beim ersten Aufbau habe ich versehentlich zwei Pinne vertauscht. Anode und Bremsgitter. Trotzdem war das

Ergebnis sehr gut. Als ich es dann "richtig" machen wollte, wurde das Audion sehr leise. Also wurde doch wieder das Bremsgitter zur Anode ernannt. Die Schaltung ist zwar nur zufällig entdeckt worden, aber das Ergebnis ist durchaus erklärlich. Ein Audion braucht einem Arbeitspunkt, an dem drei Faktoren stimmen müssen:

- Die Rückkopplung liegt gerade am Schwingungseinsatz.
- Eine starke Krümmung der Kennlinie sorgt für eine effektive Demodulation.
- Die Röhre arbeitet mit großer NF-Spannungsverstärkung.

Teilweise widersprechen sich diese Forderungen, sodass ein Kompromiss gefunden werden muss. Zu viel Steilheit bedeutet z.B., dass der Schwingungseinsatz bei sehr geringer Schirmgitterspannung liegt, was zu einer geringen NF-Verstärkung führt. Der Rückkopplungsregler sollt bei ca. 2/3 der Betriebsspannung stehen. Oft muss man die Kopplungswicklung verkleinern, um Ug2 etwas hoch zu bringen. In diesem Fall ergab sich per Zufall eine andere Lösung: Die Tetrode mit dem ehemaligen Bremsgitter als Anode hat weniger Anodenstrom und Steilheit als die ursprüngliche Pentode. Deshalb liegt der Schwingungseinsatz bei einer relativ großen Schirmgitterspannung. Außerdem kann man sich einen großen Anodenwiderstand leisten, was zu mehr Spannungsverstärkung führt. Nur zum Vergleich: Mit der echten Pentode konnte die Anodenspannung bis auf 2,4 V verkleinert werden, aber das Radio wurde sehr leise.

Die Spule trägt zwei Wicklungen. Der eigentliche Schwingkreis verwendet 13 Windungen versilberten Kupferdraht mit 0,6 mm Durchmesser mit einer Anzapfung bei der zweiten Windung für den Antennenanschluss. Die Koppelspule besteht aus 7 Windungen CuL 0,3 in den Zwischenräumen. Die Drähte sind über Lötösen mit den Steckern verbunden. Von Reinhöfer kommt auch die passende Europafassung mit 5 Polen.

# 19 Kurzwellenaudion mit der EF98

Das Experimentiersystem RT25 von AK MODUL-BUS verwendet die Röhre EF98 mit einer Betriebsspannung von 6 V für Heizung und Anode. Alle Versuche werden auf dem Steckfeld aufgebaut. Die Platine trägt die Röhre, einen Doppeldrehko und ein Poti. So lassen sich mit wenig Aufwand kleine Radioschaltungen und andere Versuche aufbauen. Das Experimentiermaterial enthält auch einen integrierten Lautsprecherverstärker LM386. Das folgende Bild aus dem Handbuch zum RT25 zeigt den Grundaufbau mit Spannungsversorgung für Verstärker und Röhrenheizung, der bei allen Versuchen gleich bleibt.

Einfache Radioschaltungen mit der EF98 arbeiten dank des NF-Verstärkers mit guter Lautstärke an einem 8-Ohm-Lautsprecher. Die folgende Schaltung zeigt einen Kurzwellenempfänger mit Bandspreizung, der u.a. für das 80-m-Amateurfunkbang eingesetzt werden kann.

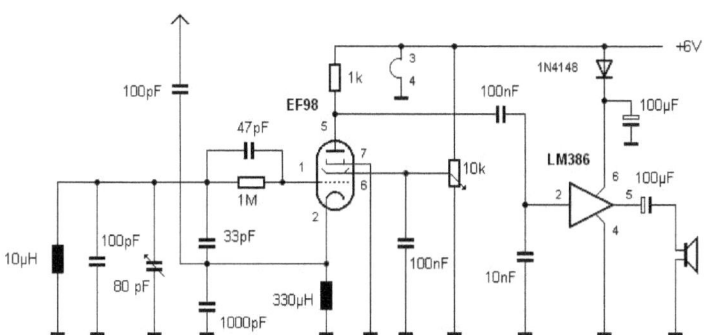

Dieser Empfänger für den Bereich 3,5 MHz bis 4 MHz wurde speziell für die hohen Anforderungen im Amateurfunk optimiert. Für den Empfang von CW- und SSB-Stationen ist die richtige Bandspreizung und eine gute Stabilität wichtig. Hier wurde ein kapazitiver Spannungsteiler mit extrem loser Kopplung für die Rückkopplung eingesetzt. Die vorhandene Festinduktivität mit 10 µH passt optimal als Schwingkreisspule. Die Mittelwellenspule mit 330 µH dient nun als Kathodendrossel. Die Antenne ist ebenfalls sehr lose angekoppelt. So wird eine gute Stabilität erzielt. Die Bandspreizung auf einen Bereich von 500 kHz ermöglicht eine feinfühlige Einstellung der Empfangsfrequenz. Der Endverstärker entspricht weitgehend den Vorlagen im Handbuch zum RT25. Allerdings wurde diesmal der Pin 2 als Eingang verwendet, was zu etwas geringeren Verzerrungen führt.

Der Empfänger wurde an einer 10 m langen Drahtantenne getestet. Die Stabilität, Empfindlichkeit und Lautstärke reichen voll aus. Bei angezogener Rückkopplung hört man deutlich das für das 80-m-Band (3,5 MHz bis 3,8 MHz) typische atmosphärische Rauschen und Prasseln. Auch die schwächsten Stationen können gehört werden, ganz so wie in der Anfangszeit des Amateurfunks, wo das Audion der Standardempfänger in jeder Station war. Das Bereichsende von 4 MHz erlaubt auch den Empfang des 75-m-Rundfunkbands.

# 20 Röhren-Kopfhörerverstärker

Mal eben eine Röhrenschaltung ausprobieren, das geht am besten mit einer Steckplatine. Das RT100 von Modul-Bus basiert auf einer Platine mit Röhrenfassungen und einer Steckplatine für Kleinteile und die eigentliche Verdrahtung. Alle Verbindungen können gesteckt werden. Das erleichtert den experimentellen Aufbau und die Änderung bestehender Experimente. Die Platine befindet sich auf einer Kunststoffschale mit Gummifüßen, sodass das System stabil und sicher auf dem Arbeitstisch steht. Das RT100 ist für die Verwendung kleiner Spannungen ausgelegt und darf bis maximal 60 V betrieben werden.

Mit auf der Platine befinden sich zahlreiche Anschlüsse für die Verbindung zur Außenwelt. Ein Hohlstecker dient zum Anschluss eines Netzgeräts. Zwei Stereo-Klinkenbuchsen dienen als Ein- und

Ausgänge für NF-Signale und zum Anschluss eines Kopfhörers. Vergoldete 2-mm-Buchsen und Schraubklemmen können für beliebige weitere Verbindungen genutzt werden. Zusätzlich sind zwei Potentiometer mit 10 kΩ und ein Doppeldrehkondensator mit 80 pF und 160 pF vorhanden. So lassen sich auch Hochfrequenzversuche ohne großen Aufwand durchführen. Zum Lieferumfang des RT100 gehören zwei Röhren ECF80 und zwei EF95/6SH1P sowie Widerstände, Kondensatoren, Quarze und Schaltdraht. Hier kommt eine Schaltung, die sich für erste Versuche eignet: Ein Audioverstärker für 32-Ohm Kopfhörer.

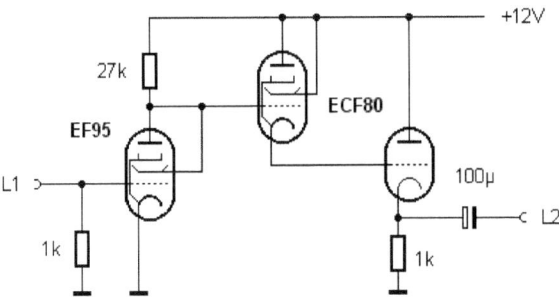

Einfache Schaltungen haben teilweise eine zu geringe Spannungsverstärkung und können z.B. mit einem MP3-Stick nicht voll ausgesteuert werden. Hier sorgt die EF95 in Triodenschaltung für die erforderliche Spannungsverstärkung. Die ECF80 in "Darlington"-Schaltung liefert einen großen Ausgangsstrom. Der gesamte Verstärker ist DC-gekoppelt, bis auf den Ausgangselko kommt man ohne Koppelkondensatoren aus. Daher gibt es keine Probleme mit dem Frequenzgang oder mit einem aussteuerungsabhängigen Arbeitspunkt.

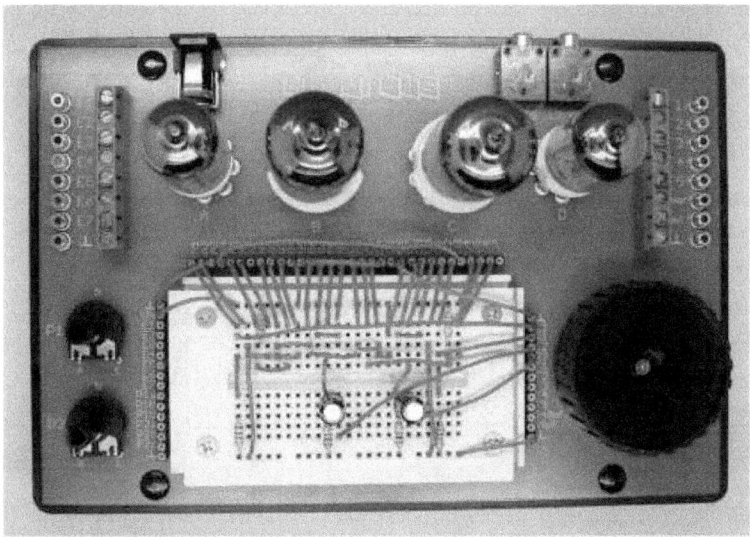

Die Klangergebnisse können sich hören lassen: Sowohl an 600 Ohm als auch an 32 Ohm erreicht man schon mit nur 12 V Betriebsspannung eine gute Lautstärke. Ohne Änderung kann die Anodenspannung bis 40 V erhöht werden, der Klang wird dann noch besser. Dieser Verstärker lässt sich sinnvoll zusammen mit dem weiter unten beschriebenen Stereodecoder einsetzen.

# 21 Kurzwellen-Audion mit der EF95

Der Kern eines Audion-Empfängers auf dem RT100 ist der Schwingkreis aus Spule und Drehkondensator. Der Frequenzbereich kann in weiten Grenzen durch die Daten der Spule verändert werden. Besonders einfach und handlich sind Spulen für den Kurzwellenbereich. Die Spule kann als freitragende Luftspule aus Schaltdraht hergestellt werden. Dazu wickelt man zwei mal 8 Windungen im gleichen Wickelsinn auf eine Mignon-Batterie und verbindet die gemeinsamen mittleren Anschlüsse zu einer Mittelanzapfung. Die Drahtenden sollen so um die Spule gewunden werden, dass sich eine mechanisch stabile Wicklung ergibt.

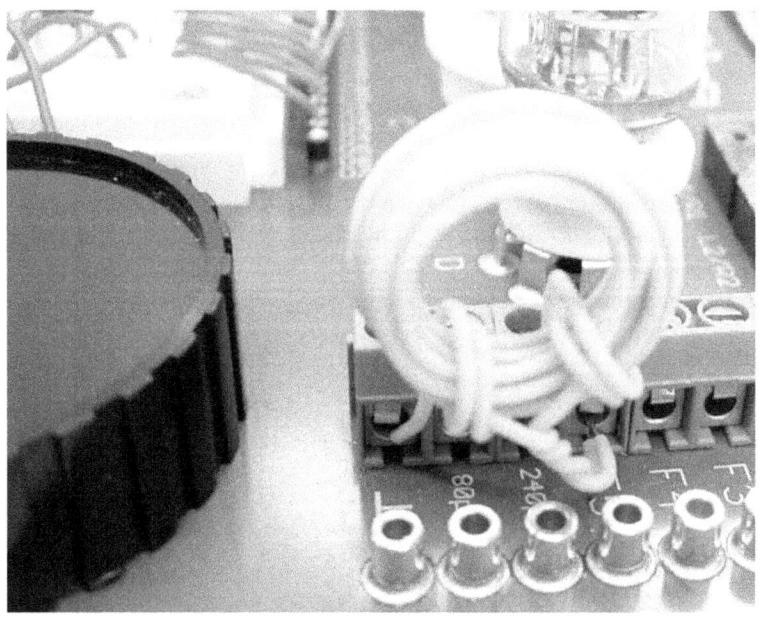

Die Spule wird direkt an die Schraubverbindung zum Drehko gelegt. Die Außenanschlüsse liegen an der Drehkohälfte mit 160 pF. Die Mittelanzapfung wird an den Anschluss F5 gelegt. Zur Vermeidung von Verlusten muss die Verbindung zwischen Spule und Drehko niederohmig sein, sodass im Schwingkreis Steckverbindungen auf der Steckplatine vermieden werden sollten.

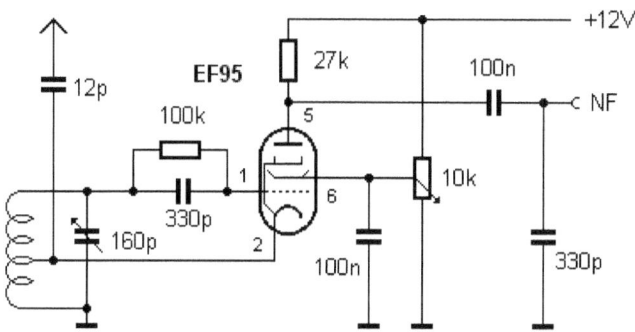

Das Schaltbild zeigt eine Grundschaltung eines Audions mit Rückkopplung. Über die Kathode wird das verstärkte HF-Signal in den Schwingkreis zurückgekoppelt, um Verluste auszugleichen. Durch die Entdämpfung erreicht der Schwingkreis eine geringe Bandbreite und eine hohe Signalspannung. Die Schirmgitterspannung und damit die Verstärkung der Röhre kann mit dem Poti verändert werden. Man stellt das Audion so ein, dass gerade noch keine Eigenschwingungen entstehen.

Die Antenne muss über einen kleinen Koppelkondensator sehr lose angekoppelt werden. Eine zu direkte Ankopplung kann den Schwingkreis so stark bedämpfen, dass die Röhre nicht genügend Verstärkung für den Aufbau von Eigenschwingungen erreicht.

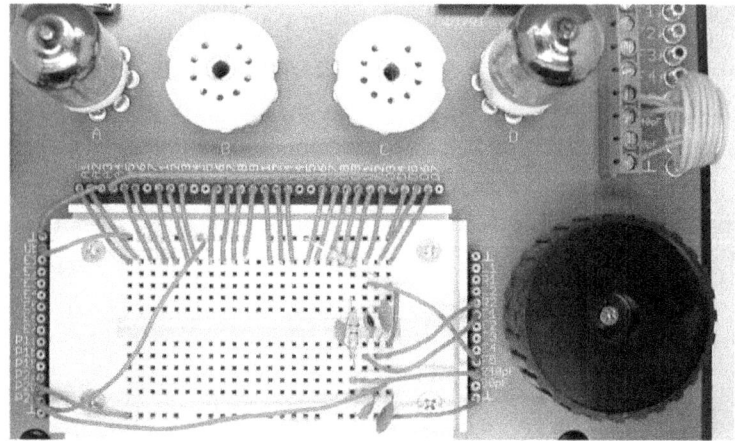

Der NF-Ausgang ist mit einer der Stereobuchsen verbunden. Hier kann ein NF-Verstärker oder bereits ein hochohmiger Kopfhörer angeschlossen werden. Die Signalspannung ist allerdings noch gering, der Empfang also leise.

Bei den bisherigen Versuchen mit der EF95 lagen immer zwei Röhrenheizungen in Reihe, d.h. es wurden zwei Röhren bestückt, auch wenn nur eine verwendet wurde. Da liegt es nahe, die zweite Röhre als NF-Verstärker für das Audion einzusetzen.

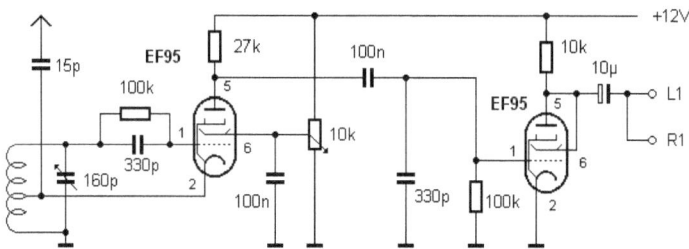

Die NF-Röhre arbeitet in Triodenschaltung mit RC-Kopplung auf den Kopfhörer oder einen angeschlossenen NF-Verstärker. Mit einem hochohmigen Kopfhörer ist die Lautstärke ausreichend, ein 32-Ohm-Kopfhörer mit gutem Wirkungsgrad kann ebenfalls schon direkt betrieben werden.

Für mehr Lautstärke muss die Anpassung der NF-Stufe verbessert werden. Ein niederohmiger Kopfhörer sollte mit einem Ausgangsübertrager angeschlossen werden. Geeignet ist z.B. ein kleiner Netztrafo 230 V / 12 V. Das Wicklungsverhältnis beträgt ca. 10 : 1, das Impedanzverhältnis damit 100 : 1. Schaltet man beide Kopfhörerkapseln parallel, beträgt die Impedanz 16 Ω. Die Röhre arbeitet damit auf einen Außenwiderstand von 1,6 kΩ. Die bessere Anpassung an den hochohmigen Innenwiderstand der Röhre führt zu einer verbesserten Ausgangsleistung.

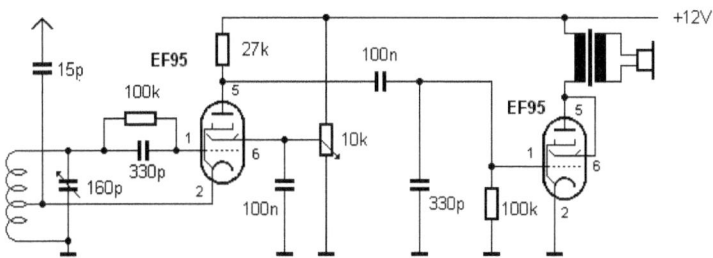

Verwenden Sie einen Ausgangsübertrager mit mehreren Anzapfungen. Geeignet ist z.B. ein Netztrafo aus einem Steckernetzgerät mit umschaltbaren Ausgangsspannungen zwischen 3 V und 12 V. Suchen Sie die beste Anpassung für maximale Lautstärke. Testen Sie auch einen Lautsprecher am Ausgang. Mit einer günstigen Anpassung sollte bereits leiser Lautsprecherbetrieb möglich sein, sofern der Lautsprecher einen guten Wirkungsgrad hat.

## 22 UKW-Pendelaudion

Ein Radio bauen ist nicht schwer – auf Mittelwelle. Wenn es aber um UKW geht, wird es entweder kompliziert oder kniffelig. Ganz einfache Schaltungen gibt es kaum, außer einer, dem Pendelaudion. Deshalb soll ein solcher sehr einfacher Empfänger mit nur zwei Transistoren aufgebaut werden.

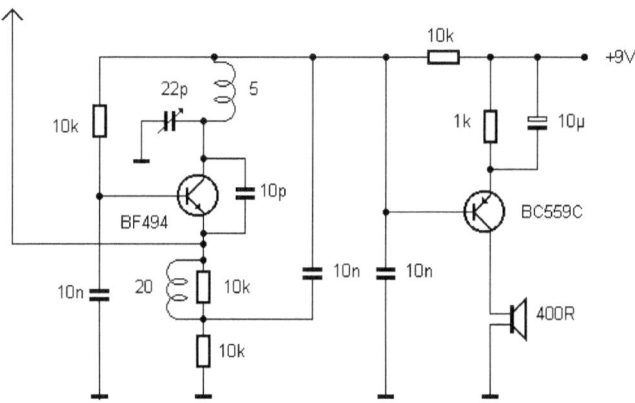

Wichtig für eine stabile Funktion ist eine große Massefläche. Der experimentelle Probeaufbau des Labormusters wurde auf dem ausgeschnittenen Weißblechdeckel einer Kaffeedose realisiert. Gut geeignet sind solche Dosen, deren Seitenwand aus Pappe bestehen, die in den Blechdeckel gebördelt ist. Den Rand schneidet man mit einem scharfen Messer ab. Der Deckel ist leicht gewölbt, bietet eine stabile Unterlage und lässt sich sehr gut löten. Als Verdrahtungsfeld dient ein Stück Lochraster- oder Streifenrasterplatine.

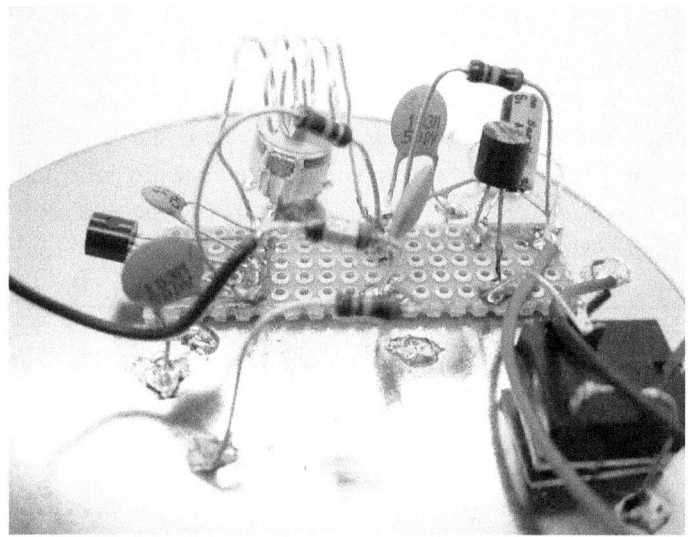

Die Schwingkreisspule aus Kupferdraht oder besser aus versilbertem Kupferdraht mit 0,8 mm Stärke erhält 5 Windungen bei einem Durchmesser von 8 mm. Wichtig sind kurze Verbindungen besonders zum Drehkondensator, der hier aus einem Trimmkondensator direkt auf der Massefläche besteht. Die zweite Spule in der Schaltung wird mit 20 Windungen CuL 0,2 mm direkt auf einen Widerstand von 10 k$\Omega$ gewickelt.

Die Antenne sollte nicht zu lang sein um Störungen anderer Rundfunkteilnehmer durch den Pendler zu vermeiden. Die Schaltung ist sehr empfindlich und kommt mit einer 10 cm langen Antenne aus, die einfach aus einem Stück Draht besteht. Der Kopfhörer sollte im Idealfall ein hochohmiger Typ mit 400 Ohm sein. Ein 32-$\Omega$-Stereokopfhörer geht auch, allerdings nur relativ leise.

Beim Einschalten des Empfängers hört man zunächst ein starkes Rauschen. Mit dem Schraubendreher wird dann die Frequenz abgestimmt. Da wo man auf einen FM-Sender trifft, wird das Rauschen leiser bzw. verstummt ganz. Um das FM-Signal klar zu hören muss etwas auf die Flanke abgestimmt werden. Das ganze erfordert etwas Übung und Geschick. Die Abstimmung mit dem Schraubendreher gibt dabei den besonderen Kick. Aber wenn der Sender einmal steht, muss man ja nicht gleich wieder daran drehen, denn jeder hat ja seinen Lieblingssender auf UKW.

Die Klangqualität des einfachen Empfängers ist zugegebenermaßen eher bescheiden. Aber immerhin, es funktioniert mit nur zwei Transistoren. In der Anfangszeit des UKW-Rundfunks war das Pendelaudion übrigens weit verbreitet. Damals wurde die Schaltung mit Röhren aufgebaut. Der „Pendler" kam dann in Verruf, weil er gleichzeitig etwas sendet und damit den Nachbarn den Hörgenuss verderben kann. Das gilt auch für den hier aufgebauten Empfänger. Es darf bezweifelt werden, dass man für ein solches Radio das CE-Zeichen bekommen würde. Das Ganze ist also eher ein interessantes Experiment und wird sicherlich nicht den bewährten Superhet verdrängen. Andererseits spielt das Pendelaudion immer noch eine Rolle bei einfachen Fernsteuerempfängern, funkgesteuerten Steckdosen und Funkthermometern.

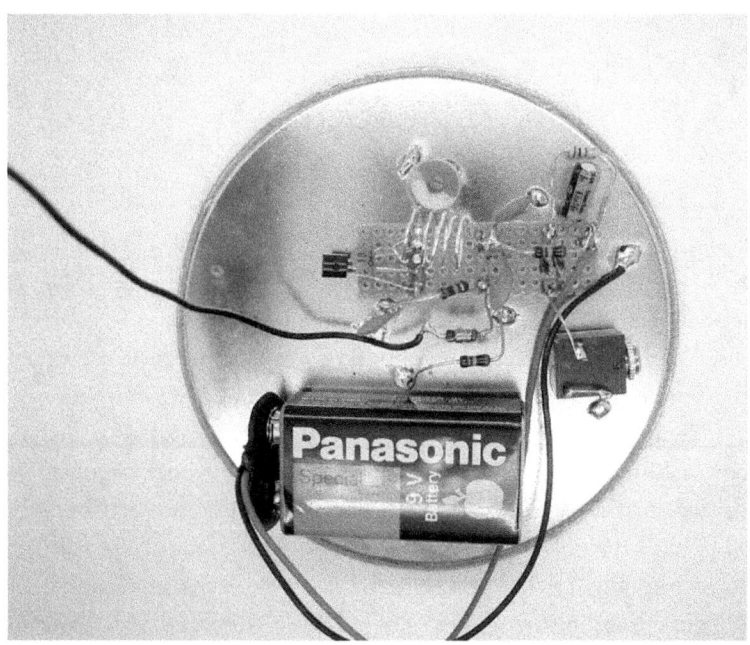

Ein Pendelaudion ist eigentlich ein ganz normaler Oszillator. Bei jedem Anschwingen des Oszillators beginnt die UKW-Schwingung ganz klein praktisch von Null. Allerdings gibt es immer zumindest das thermische Rauschen als Starthilfe. Diese Hilfe klappt mal schneller und mal langsamer. Die einzelnen Anschwingvorgänge dauern also unterschiedlich lange, was insgesamt zu einem Rauschen des Kollektorstroms führt. Dieses Rauschen hört man bei einem Pendelaudion, wenn kein Sender empfangen wird.

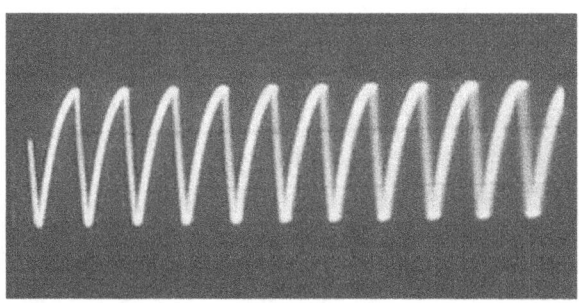

Gibt es aber auf der eingestellten Frequenz ein Signal, dann hilft dieses beim Aufbau der Schwingungen. Es geht also jedes Mal etwas schneller los. Die Pendelfrequenz steigt beim Empfang eines Signals. Ein unmoduliertes Signal bewirkt, dass der Oszillator eine stabile Pendelfrequenz erzeugt und nicht raucht. Durch eine Amplitudenmodulation verändert sich der Grad der Anschwinghilfe, was sich im mittleren Kollektorstrom widerspiegelt. Ein FM-Signal wird durch Abstimmung auf die Flanke des Schwingkreises amplitudenmoduliert und ist deshalb ebenfalls empfangbar. Die ganze Sache lässt sich sehr anschaulich an einem Oszilloskop verfolgen. Das Sägezahnsignal am Emitterwiderstand zeigt immer, ob gerade ein Sender empfangen wird. Und das Ganze funktioniert sogar ohne Antenne. Die Schaltung ist nämlich so empfindlich, dass bereits die Schwingkreisspule selbst genügend Energie auffängt.

# 23 Das UKW-Retroradio

Dieses UKW-Radio nach altem Vorbild empfängt FM-Stationen im Bereich 87,5 MHz bis 108 MHz mit guter Empfangsleistung. Dank des integrierten Empfängerbausteins TDA7088 hört man vor allem die starken Ortssender mit gutem Klang. Aber die Empfindlichkeit des Empfängers reicht aus, um manchmal auch ferne Sender zu empfangen.

Das Radio lehnt sich optisch an ein typisches Kofferradio der 1960er Jahre an. Mit der Erfindung des Transistors konnte man Radios bauen, die weniger Energie als Röhrenempfänger verbrauchten und deshalb auch mit Batterien zu betreiben waren. Ansonsten war die Technik ähnlich der in älteren Röhrenradios. Der Bausatz ist in zwei technisch gleichwertigen Versionen bei Franzis und bei Conrad Elektronik erhältlich. Viele Zusatzinformationen und Schaltungsvarianten finden sich im Elektronik-Labor (www-elektronik-labor.de)

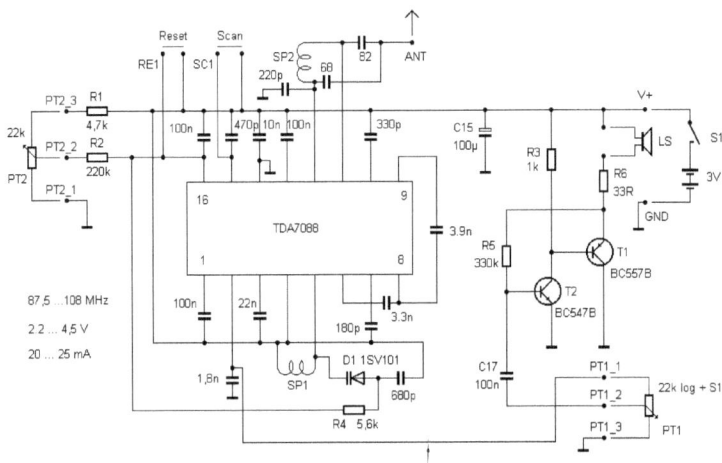

Dank des hoch integrierten Empfänger-ICs TDA7088 ist der Bau eines eigenen UKW-Radios so einfach geworden, dass jeder dieses Radio erfolgreich zusammenlöten kann. Der Eintakt-NF-Verstärker entspricht in seiner Funktion eher dem historischen Vorbild eines Röhrenradios. Ihr Nostalgieradio verwendet einen zweistufigen Transistorverstärker mit mittlerer Lautstärke bei geringer Batteriespannung. Jetzt reichen schon zwei 1,5-V-Alkalizellen für bis zu 200 Stunden Empfang. Mit dem selbst gebauten Radio macht das Radiohören viel Freude.

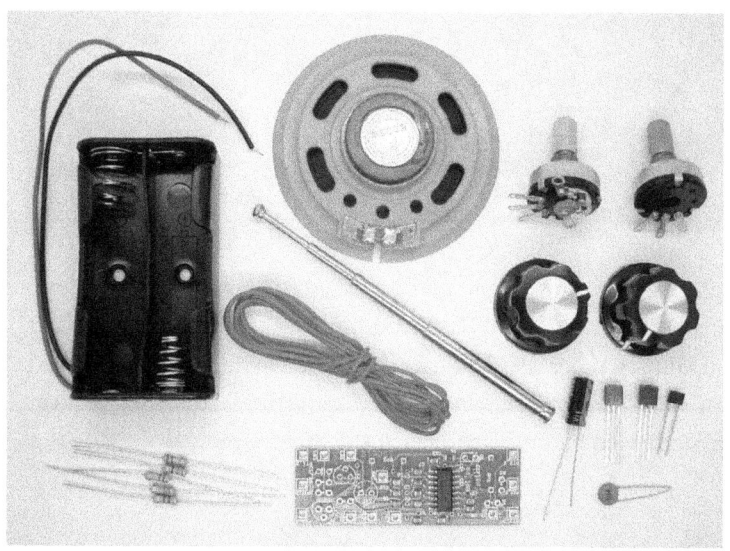

Die meisten UKW-Superhetempfänger verwenden eine Zwischenfrequenz von 10,7 MHz. Die Empfangsfrequenz wird dabei
zunächst auf die Zwischenfrequenz umgesetzt und danach gefiltert,
verstärkt und demoduliert. Auch dieses UKW-Radio ist ein
Superhet, der sein Empfangssignal auf eine Zwischenfrequenz
umsetzt. Allerdings liegt die Zwischenfrequenz mit etwa 70 kHz
wesentlich tiefer. Dadurch kommen die Zwischenfrequenzfilter
ohne abgeglichene Spulen aus. Und der FM-Demodulator
vereinfacht sich und wird wesentlich sicherer gegen Verzerrungen.
Alle wesentlichen Stufen passen in ein einziges SMD-IC, den
TDA7088 mit 16 Anschlüssen. Statt eines Drehkondensators wie
in älteren Empfängern verwendet das Radio die Kapazitätsdiode
D1. Je größer die Spannung an der Diode, desto geringer wird ihre
Kapazität und desto höher wird die Empfangsfrequenz. Der
einzige Abgleichpunkt ist die Spule L1, mit der die untere Grenze
der Oszillatorfrequenz eingestellt werden kann.

Die Platine ist so gestaltet, dass alle Bauteile rund um den eigentlichen Empfänger TDA7088 in SMD-Bauweise bestückt sind. Damit ist der Aufbau einfach. Die Spulen muss man bei diesem Radio selbst wickeln und hat dann noch die Möglichkeit, durch Verbiegen einen Feinabgleich durchzuführen.

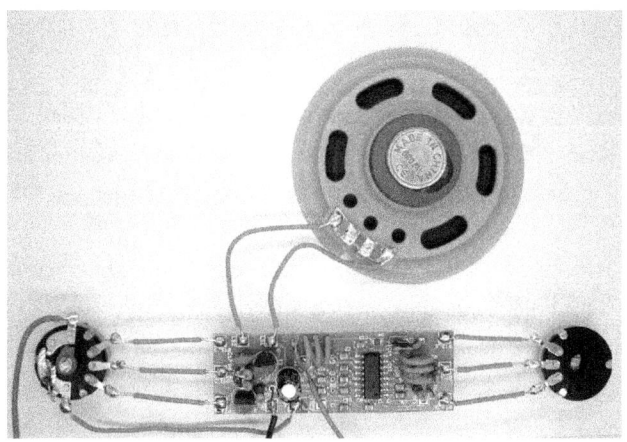

Die NF-Endstufe ist ein einfacher Klasse-A-Verstärker mit den beiden Transistoren T1 und T2. Der Ruhestrom beträgt ca. 20 mA. Die Schaltung arbeitet noch mit gutem Klang ab einer Betriebsspannung von 2,2 V.

Einige der bedrahteten Bauteile lassen sich austauschen um bestimmte Eigenschaften des Radios zu verändern. R1 bestimmt den abstimmbaren Frequenzbereich. Ein kleinerer Widerstand vergrößert den Abstimmbereich. Das ist z.B. dann sinnvoll, wenn Sie das Radio mit NiMH-Akkus bei 2,4 V betreiben wollen. R2 bestimmt die Breite des Fangbereichs der AFC. Wenn Sie z.B. schwache Sender in der Nähe stärkerer Sender empfangen möchten, kann es sinnvoll sein, R2 bis auf 1 MΩ zu vergrößern, um den Fangbereich zu verkleinern.

Die beiden Anschlüsse RE1 und SC1 der Platine werden zunächst nicht verwendet und sind für spätere Erweiterungen vorgesehen. Der TDA7088 wurde ursprünglich für Tastenabstimmung entwickelt. Im Schaltplan sind die beiden Tastschalter für Reset und Scan eingezeichnet. Wenn Sie den Empfänger entsprechend umbauen möchten, muss der Anschluss PT2_2 zum Schleifer des Frequenzreglers aufgetrennt werden. An dieser Stelle können Sie auch einen Schalter einsetzen, sodass der Empfänger wahlweise über Tasten und das Poti abgestimmt werden kann

# 24 Stereo-Decoder

Der TDA7040 (Dank an Wolfgang Hartmann für den Tipp und das IC!) ist wie geschaffen zur Stereo-Erweiterung des Franzis-UKW-Radios.

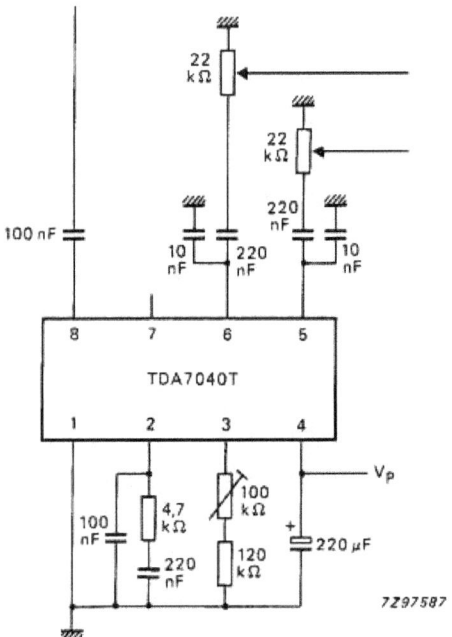

Das SMD-IC im SO8-Gehäuse kann auf einer Lochrasterplatine untergebracht werden. Der Trick: Die äußeren Beinchen werden etwas hochgebogen und mit Drähtchen angeschlossen.

Damit die nötige Bandbreite am Ausgang des Empfängers vorliegt, muss der SMD-Kondensator C10 mit 680 pF aus der Schaltung entfernt werden. Es reicht ihn einseitig abzulöten, dann geht er nicht verloren.

Hier die Schaltung für den ersten Versuch. Am Ausgang liegt ganz ohne Filterkondensatoren ein hochohmiger Stereo-Kopfhörer mit zweimal 300 Ohm. Das ist zwar nicht ideal, reicht aber für den ersten Erfolg.

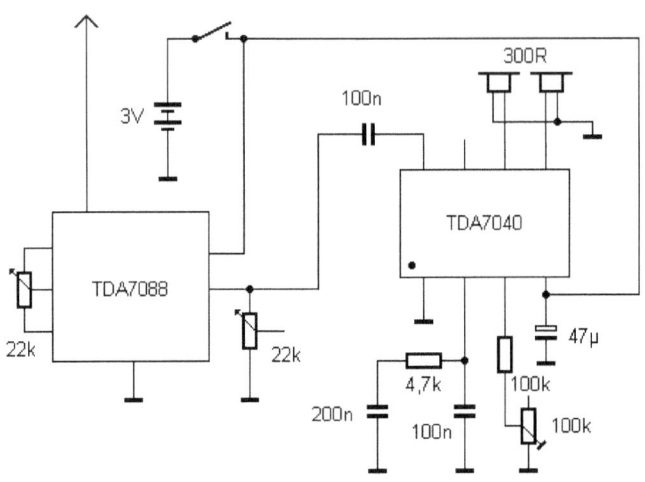

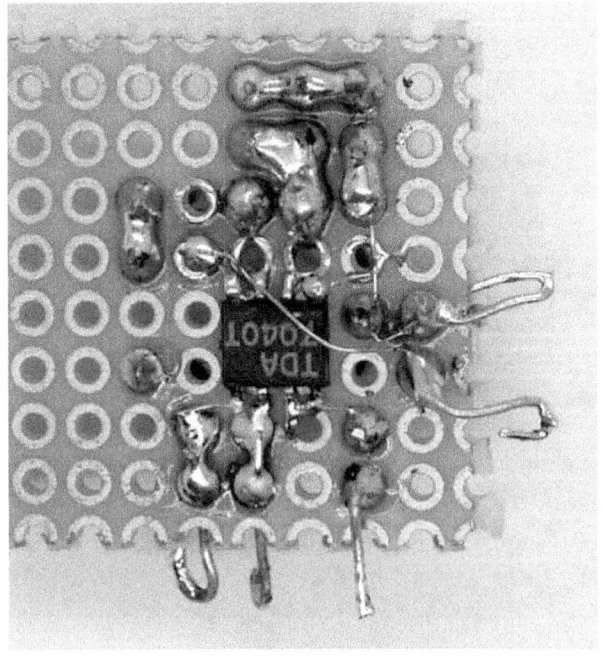

Mit dem Poti wird die Oszillatorfrequenz passend eingestellt. Am Oszilloskop sieht man, wie die richtige Demodulator-Frequenz 38 kHz bei Anwesenheit eines Stereo-Signals eingefangen wird. Der Fangbereich ist sehr breit, sodass man sogar ohne das Poti auskommen könnte. In Mittelstellung passt es, insgesamt werden also 150 kOhm benötigt. Das Oszillogramm zeigt auch, dass der Decoder noch übersteuert wird. Da musste noch was geändert werden.

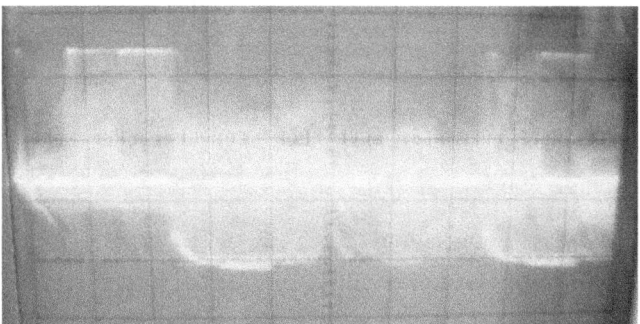

Das Ergebnis kann sich schon hören lassen: Aus dem Kopfhörer ertönt eine klares Stereo-Signal. Es ist zwar recht leise, aber die Funktion der Schaltung ist gegeben.

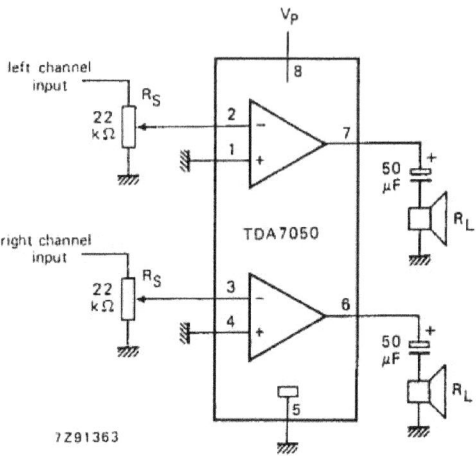

Dieser kleine Verstärker mit einem DTA7050 ist sehr einfach anzuwenden und läuft mit 3 V. Es sind keine zusätzlichen Kondensatoren oder andere Maßnahmen erforderlich. Der TDA7040 arbeitet sehr stabil und neigt nicht zu wilden Schwingungen. Damit ist er der ideale Verstärker für das Stereo-Radio.

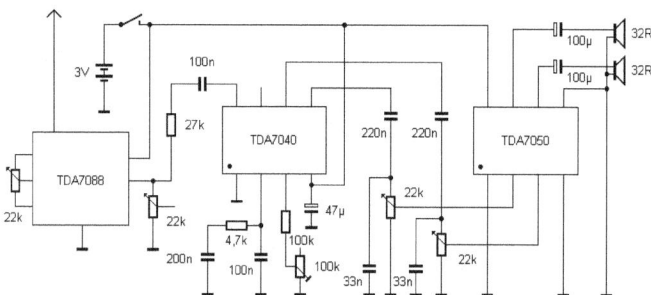

Zwischen Radio-IC und Stereo-Decoder liegt jetzt ein Widerstand von 27 kΩ als Abschwächer gegen Übersteuerung. Ein Stereo-Poti leitet die Signale an den Endverstärker weiter. Alles zusammen findet Platz auf der kleinen Platine.

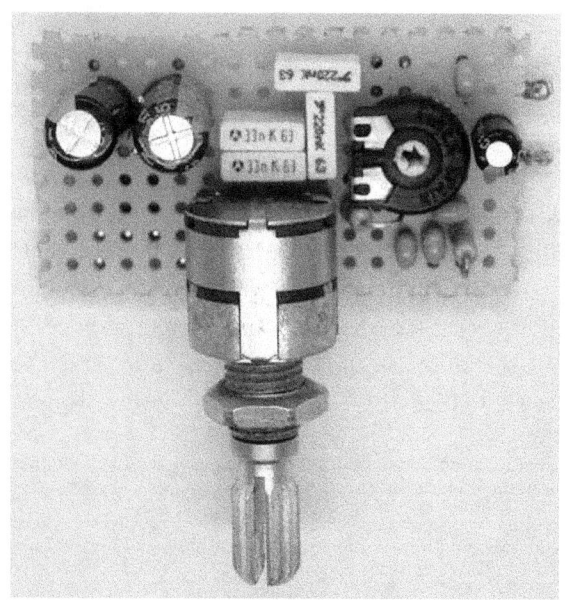

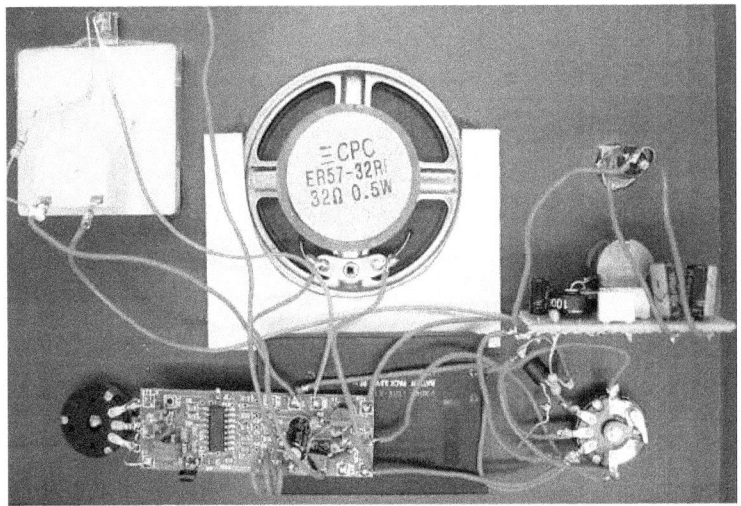

Das Radio hat nun zwei Lautstärkepotis. Eines für den Mono-Lautsprecher, der jetzt für eine höhere Lautstärke 32 Ohm hat, und eines für den Stereo-Verstärker, dessen Ausgang auf eine Klinkenbuchse führt. Hier kann ein Kopfhörer angeschlossen werden. Die Leistung reicht aber auch für zwei 32-Ohm-Lautsprecher. Abstimmhilfe und UV-Beleuchtung sind ebenfalls eingebaut. Ein alter Handy-Li-Akku dient zur Stromversorgung.

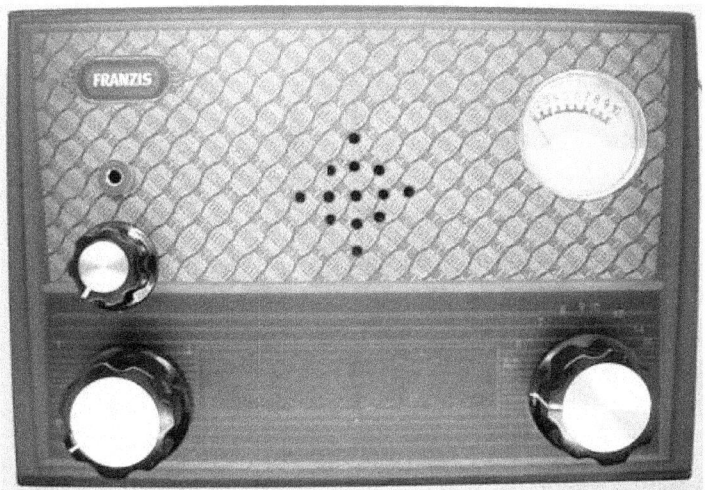

Zwei getrennte Potis für Lautsprecher und für den Stereo-Kopfhörer bringen einen großen Vorteil: Man kann beide Lautstärken unabhängig voneinander einstellen und z.B. festlegen, wie stark die Umwelt am Radiogenuss teilhaben darf.

Falls der Aufbau auf einer Lochrasterplatine zu unsicher erscheint gibt es dafür auch andere Lösungen. Beide ICs passen auf eine gemeinsame SMD-Adapterplatine von Modul-Bus. Nur wenige weitere Bauteile kommen auf die Platine. Koppel- und Filterkondensatoren werden im Rahmen der Verdrahtung eingebaut. Der 100-k-Trimmer hatte sich als unnötig erwiesen und wurde hier durch einen Festwiderstand von 160 k ersetzt.

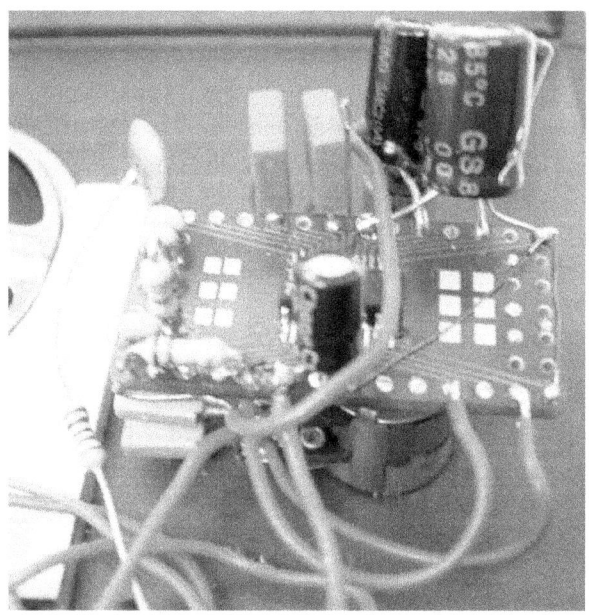

# 25 Das Retroradio Deluxe

Das Franzis Retroradio Deluxe kombiniert einen TDA7088-UKW-Empfänger mit einer Röhren-NF-Stufe und einem integrierten Endverstärker LM386.

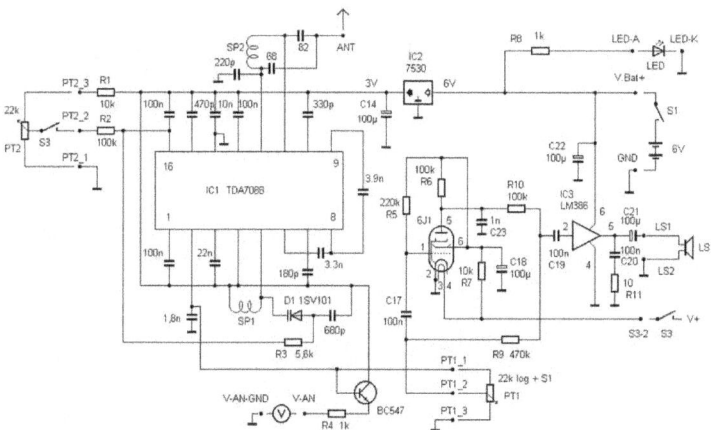

Die Platine enthält zahlreiche schon fertig aufgelötete SMD-Bauteile (surface-mounted device, oberflächenmontierte Bauteile ohne Drähte), das Empfänger-IC TDA7088, 15 Kondensatoren und einen Widerstand. Nur noch die Bauteile mit Anschlussdrähten müssen eingelötet werden. Dazu gehören alle Teile des NF-Verstärkers und die Röhrenfassung sowie die Spulen und die Bauteile rund um die Dioden-Abstimmung des Radios.

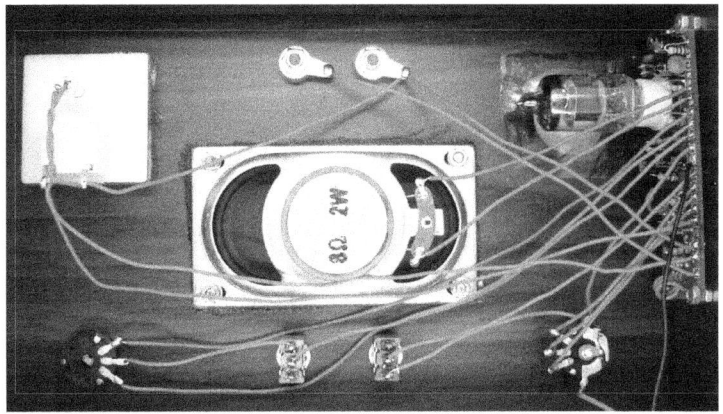

Das Besondere an diesem Radio ist der Klangschalter. Damit schaltet man die Röhre ein. Das Radio bekommt dann einen volleren Klang. Wenn man nur so nebenbei Nachrichten hören will, schaltet man die Röhre ab und spart damit Strom.

Die verwendete chinesische Röhre 6J1 ist baugleich mit der europäischen HF-Pentode EF95 bzw. der amerikanischen 6AK5 oder der russischen 6SH1P. Alle diese Röhren waren ursprünglich für den militärischen Einsatz vorgesehen und gehen auf wesentlich ältere Vorbilder wie die RV12P2000 zurück. Der typische Einsatzbereich dieser Röhren waren tragbare Funkgeräte, wobei es auf geringe Leistungsaufnahme ankam. Die Röhre braucht deshalb nur relativ wenig Heizstrom, was für den Batteriebetrieb günstig ist. Außerdem war die vorgesehene Anodenspannung mit ca. 120 V geringer als bei vergleichbaren HF-Röhren. Deshalb funktionieren auch noch geringere Anodenspannungen problemlos.

# 26 Das UKW-Steckmodul von Franzis

Der Franzis-Bausatz „UKW-Radio selber bauen" wird mit einer Steckplatine aufgebaut, sodass man ohne Lötkenntnisse auskommt. Das eigentliche Empfängermodul besteht aus einer fertig bestückten Platine mit dem TDA7088 und gedruckten Spulen. Ein 3-V-Spannungsregler sorgt für mehr Stabilität bei der Abstimmung. Und ein integrierter Lautsprecherverstärker bringt eine hohe Lautstärke.

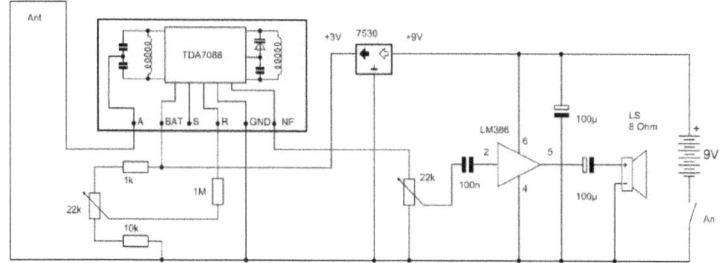

Weil die Bedienelemente hier mit anlöteten Drähten geliefert werden braucht man für diesen Bausatz keinen Lötkolben.

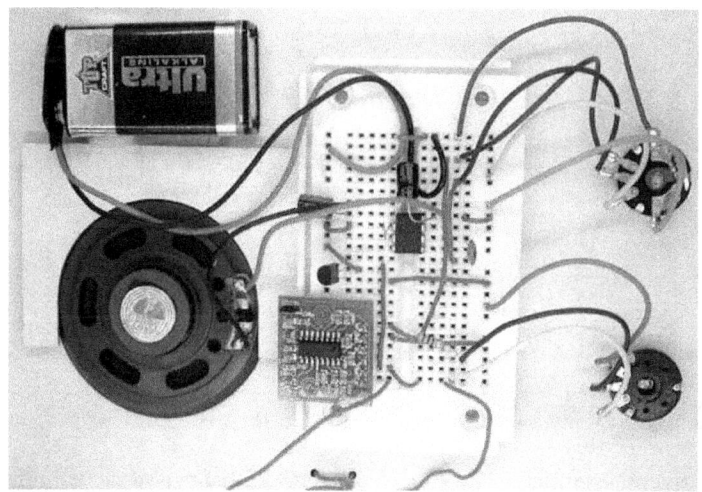

Um Mehr Stabilität zu erreichen kann man das ganze Radio alternativ auf einer Steckboardplatine von AK Modul-Bus auflöten.

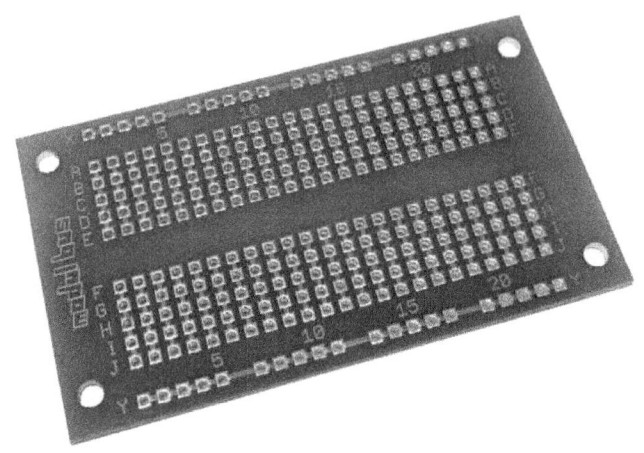

Das Adventskalender-UKW-Radio 2012 und 2013 verwendete eine ganz ähnliche Technik, ebenfalls mit einer Steckplatine und mit dem gleichen Radiomodul mit einem TDA7088 und gedruckten Spulen. Auch der Endverstärker und der Spannungsregler sind gleich. Aber dieses Radio wird nicht mit einem Poti abgestimmt sondern mit Tastschaltern. Dagegen wurde die Ausgabe 2013 um ein Trimmpoti erweitert.

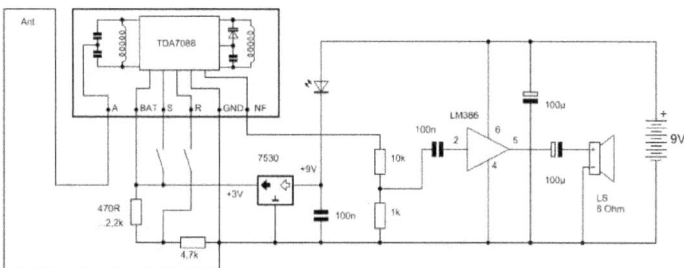

Außerdem hat das Kalenderradio kein vollständiges Gehäuse sondern nur eine Karton-Lautsprecherbox, die man sich selbst zusammenklebt. Das Radio ist mit seinem offenen Aufbau die ideale Basis für eigene Experimente. Es könnte z.B. mit einem zusätzlichen Poti wahlweise mit Drehknopf oder Tasten abgestimmt werden. Auch der Einbau in ein selbst gestaltetes Gehäuse ist eine reizvolle Aufgabe.

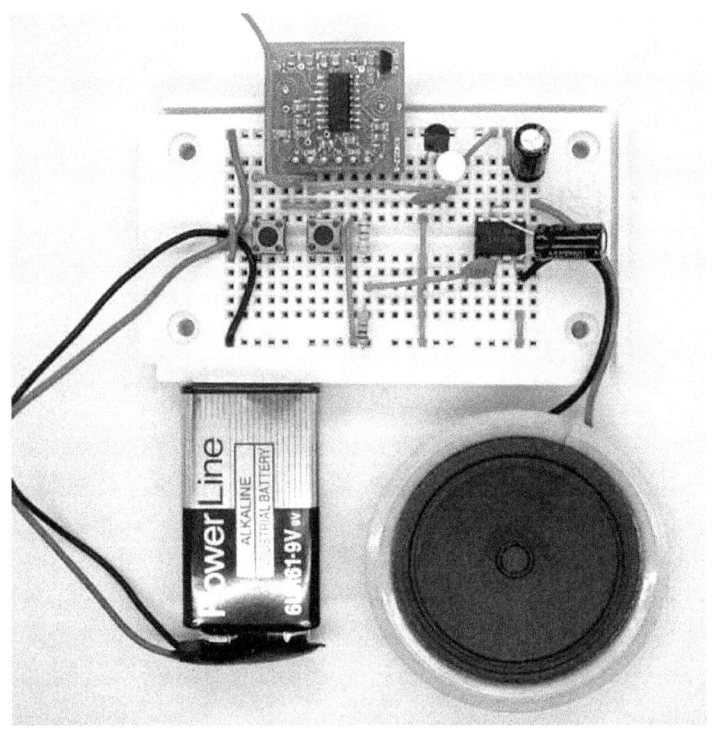

# 27 AM/FM-Radio mit dem CD2003GP

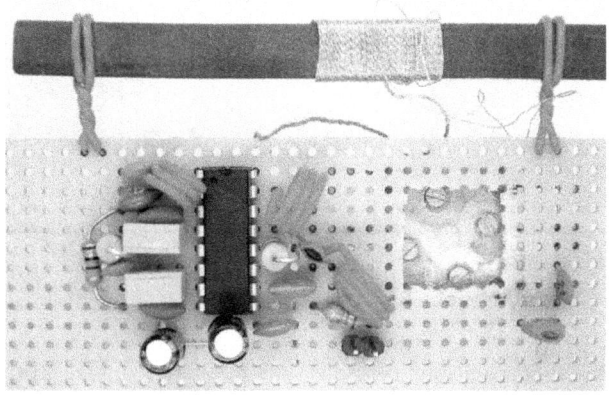

Auf der Suche nach einem Radio-IC für AM und FM ist mir der CD2003GP in die Hände gefallen. Wenn man im Internet danach sucht, findet man heraus, dass er manchmal in Uhrenradios eingesetzt wird. In der SMD-Variante ist dieses IC auch bei Modul-Bus erhältlich. Es wird auch im Franzis-Fledermausdetektor verwendet.

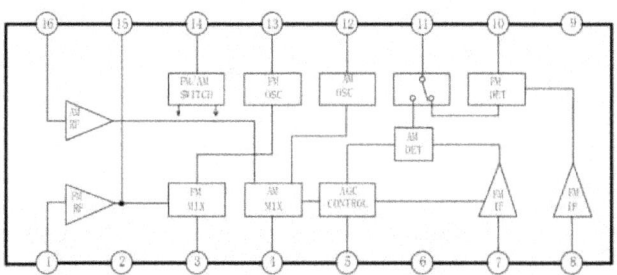

Das Blockschaltbild zeigt, da ist alles drin, was man braucht.

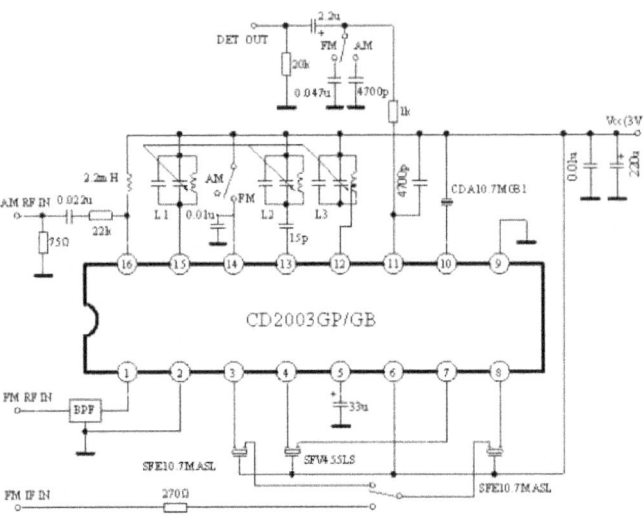

Ein Testschaltbild zeigt den grundlegenden Einsatz. Interessant ist, dass der Vorschlag ganz auf Spulenfilter in der ZF verzichtet. Das ist interessant, denn damit würde ja der Abgleich sehr einfach. Die Selektion hängt dabei allein von den Keramikfiltern ab.

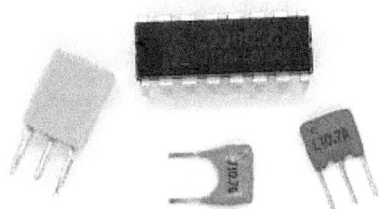

Also los! Ein erster Testaufbau verwendet eine Festinduktivität von 100 μH als AM-Oszillatorspule. Zuerst wurde hier ein Kondensator mit 330 pF eingesetzt. Der Oszillator schwingt problemlos. Mit Drehko und Ferritstab arbeitet der Empfänger bereits im Mittelwellenbereich. Die Festinduktivität bewährt sich. 100 μH passt recht gut.

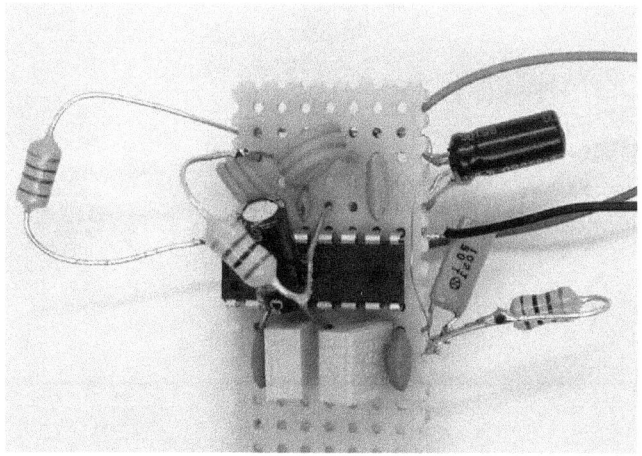

Die Chance, eine Festinduktivität im Oszillatorkreis einzusetzen, verspricht einen einfachen Aufbau. Aber die ersten Tests zeigen ein Problem: Die Selektion eines einzelnen 455-kHz-Filters reicht nicht aus. Es gibt starke Nebenresonanzen, und auch die Weitabselektion ist nicht groß genug. Deshalb hat man Probleme den optimalen Gleichlauf zwischen Oszillator- und Eingangskreis zu finden. Das IC hat nämlich reichlich Verstärkung und einen großen Regelumfang. Wenn man irgendwo 30 dB daneben liegt, wird einfach mehr verstärkt. Im Endeffekt bestimmt der Eingangskreis allein, was man hört, die ZF kann weit daneben liegen. Ich kann mir vorstellen, dass ein perfekt abgeglichener Empfänger gut arbeitet. Aber das ist ohne die passenden Messgeräte kaum zu schaffen.

Was könnte da helfen? Ein zweites ZF-Filter und zwischen beiden ein Parallelkreis! Der Kreis bekommt auch wieder 100 µH. Die Kapazität sollte bei 1200 pF liegen, mit 1000 pF klappt es aber auch. Mit dieser Anordnung ist der einfache Abgleich gerettet. Das Radio hat nun auf Mittelwelle eine hervorragende Selektion.

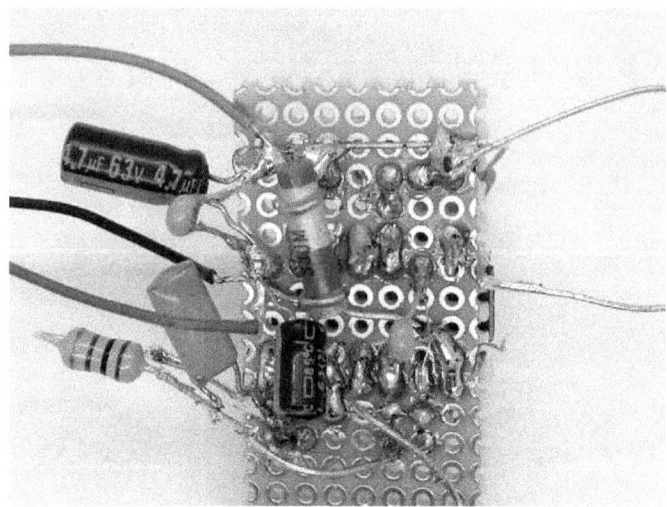

Wenn man am Pin 14 die positive Betriebsspannung anlegt,
schaltet sich der Empfänger auf UKW um. Die Spulen waren
ähnlich wie im Franzis-FM-Radio aus Schaltdraht gewickelt. Auf
Anhieb konnten FM-Stationen klar empfangen werden. Der
optimale Gleichlauf muss aber noch gefunden werden.

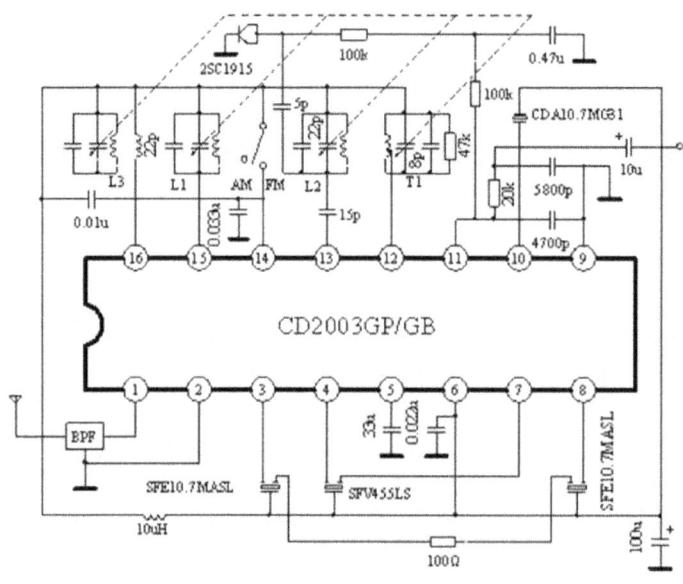

Eine ausführlichere Schaltung im Datenblatt zeigt einen vollständigen Empfänger mit einigen zusätzlichen Details. Interessant ist, dass ein ganz normaler NPN-Transistor als Kapazitätsdiode für eine ALC-Funktion verwendet wird. Der Widerstand zwischen den beiden FM-Filtern scheint die Durchlasskurve zu verbessern. Mit all diesen Erkenntnissen habe ich ein zweites Modell gebaut. Diesmal wurde der Drehko stabil unter die Platine gelötet. Ein Jumper dient zur AM/FM-Umschaltung.

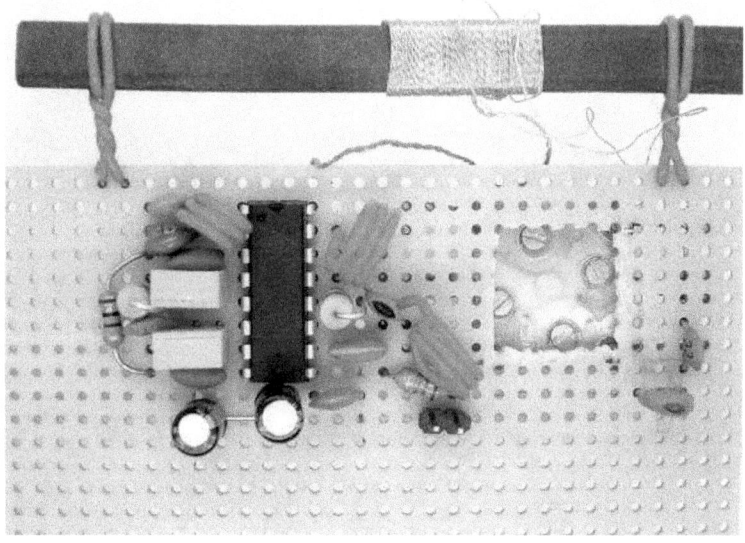

Das Radio funktioniert recht gut in beiden Bereichen. Nur beim Gleichlauf an den Bereichsenden sind noch Verbesserungen nötig. Und eine ALC gibt es bisher auch noch nicht.

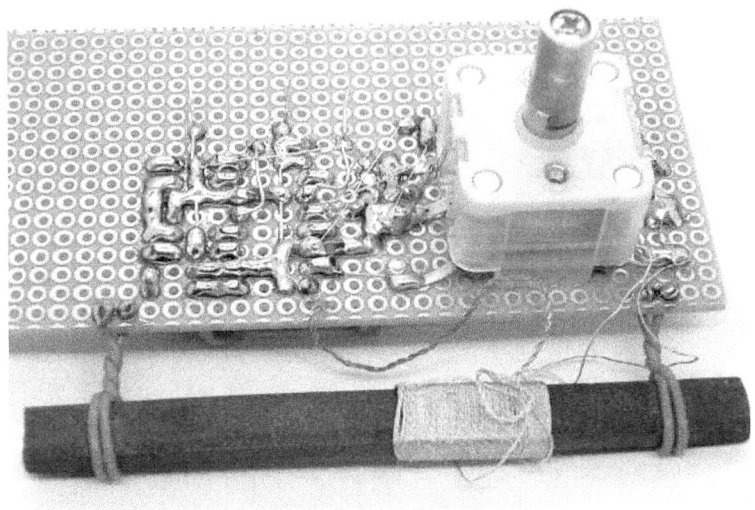

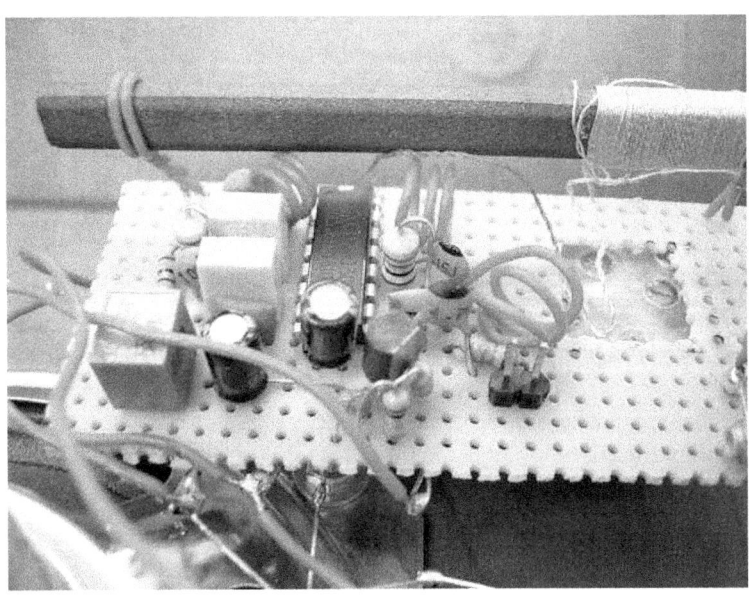

Dann wurde ein besseres AM-ZF-Filter (grün) eingebaut und die beiden gelben Filter außer Dienst gestellt. Das Radio hat damit auf Mittelwelle eine hervorragende Trennschärfe. Außerdem habe ich die AFC mit einem Transistor BC548 als Kapazitätsdiode nach dem Vorschlag im Datenblatt getestet, es funktioniert einwandfrei.

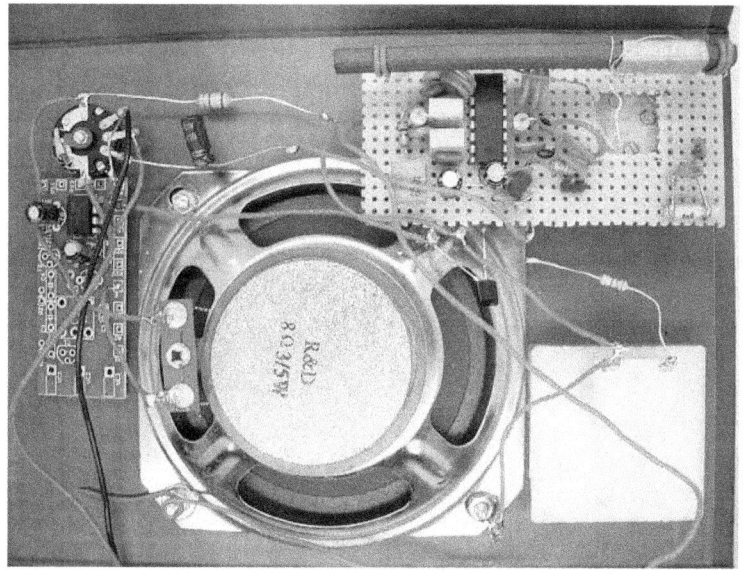

Alles ist jetzt in ein MW-Retroradiogehäuse eingebaut. Der LM386 aus dem KW-Radio treibt einen großen Lautsprecher, was einen sehr guten Klang ergibt. Am Pin 5 des Radio-ICs wurde die ALC-Information abgenommen, mit einem Emitterfolger an das Messinstrument als S-Meter geführt. Das erleichtert die optimale Abstimmung.

# 28 Der Mittelwellen-Modulator

Wer auf Röhrenradios und dann noch auf Mittelwelle steht, hat ein Problem: Die bestehenden Sender haben nur eine begrenzte Anzahl Platten. Da hilft nur eins: Der eigene Mittelwellensender. Von nun an können auch die eigenen CDs aus dem Radio erklingen.

Der Sender wurde mit einem Keramikresonator von 976 kHz stabilisiert, der aus einer Fernseh-Fernbedienung stammt. Mit dem Trimmer ist eine Feinjustierung möglich. Eine wahrscheinlich schwache Station im Hintergrund wird einfach auf Schwebungsnull abgestimmt, z.B. auf 981 kHz. Die kleine Sende-Ferritspule koppelt direkt auf den Ferritstab im Radio. Man kann also nicht wirklich von einem Sender sprechen sondern eher von einem Modulator.

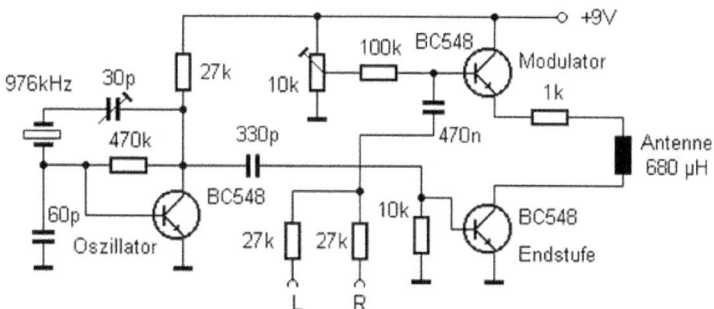

Der Modulator ist als Emitterfolger ausgelegt und moduliert die Betriebsspannung des Endverstärkers. Da man auf Mittelwelle ja noch mit Mono arbeitet, werden beide Eingangskanäle zusammengefasst. Mit dem Poti wird auf geringste Verzerrungen und besten Klang justiert. Die HF-Verstärkerstufe wurde bewusst bescheiden dimensioniert, denn es ging ja nicht darum, die ganze Nachbarschaft zu unterhalten. Das Ausgangssignal kann auch mit einem Oszilloskop auf seine Qualität untersucht werden. Man sieht deutlich die saubere Amplitudenmodulation.

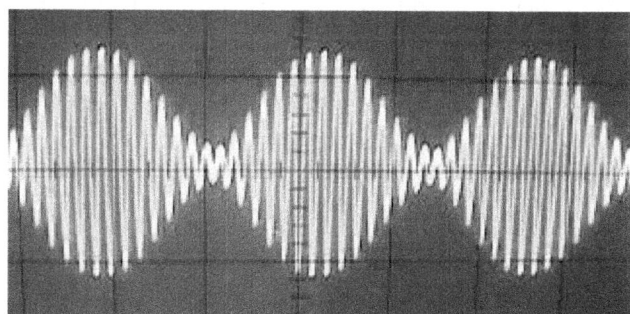

Der Mittelwellenmodulator wird einfach auf das Radio gelegt. Über ein Kabel wird z.B. das Signal eines CD-Players eingespielt. Nun hat man auf Mittelwelle einen starken Sender mehr, der sich nicht nur durch eine besonders gute Modulationsreinheit auszeichnet, sondern auch noch durch ein immer garantiertes Wunschprogramm.

Ich höre schon den Einwand: Da hätte er doch auch einfach den Phonoeingang nehmen können. Nein, geht nicht, denn der echte Klang kommt erst nach dem Durchlaufen mehrerer sanft gekrümmter Kennlinien der HF- und ZF-Röhren sowie des Röhren-Demodulators zustande. Außerdem sorgen die ZF-Filter für eine Begrenzung der Bandbreite und beseitigen alle schrillen Klänge.

# 29 AM-Modulator mit Röhren

Dieser kleine Mittelwellensender wurde auf einem Experimentiersystem RT100 von Modul-Bus aufgebaut. Ein 12-V-Steckernetzteil liefert sowohl die Heizspannung wie auch die Anodenspannung für den Sender. Das Experimentiersystem verfügt über zwei Miniaturfassungen und zwei Novalfassungen, sodass man die Schaltung mit unterschiedlichen Röhren testen kann. Hier wurden zwei EF95/6SH1P eingesetzt. Eine Röhre dient als freischwingender Oszillator, die andere als Modulationsverstärker.

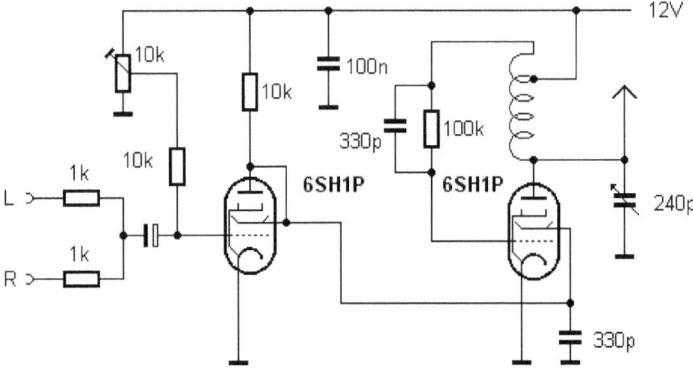

Der freischwingende Oszillator wird über das Schirmgitter moduliert. Der vorgeschaltete Modulationsverstärker arbeitet in Triodenschaltung, um trotz der geringen Anodenspannung eine genügend große verzerrungsarme Aussteuerung zu erreichen. Der Arbeitspunkt wird mit einem Trimmer auf geringste Verzerrungen eingestellt. Die Kennlinien beider Stufen sind wegen der Phasendrehung des Modulationsverstärkers gegensätzlich gekrümmt. Mit einer optimalen Einstellung heben sich die entstehenden Verzerrungen weitgehend auf, so dass man einen großen Aussteuerungsbereich bis zu einem Modulationsgrad von ca. 50% erhält. Am Eingang ist eine Stereobuche anschlossen, wo z.B. die PC-Soundkarte als Modulationsquelle angeschlossen werden kann. Beide Kanäle werden zu einem Monosignal addiert, weil man ja auf Mittelwelle leider nur einen Kanal überträgt.

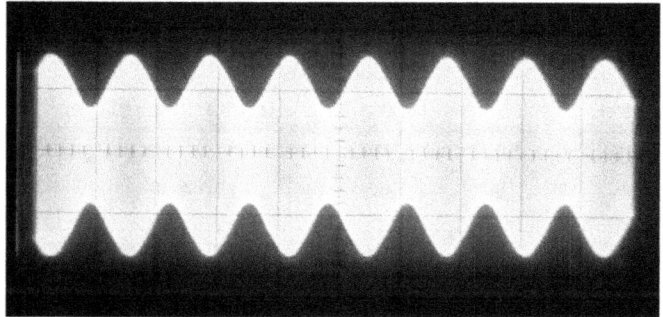

Die Schwingkreisspule ist hier auf einen Ferritstab gewickelt und kann zugleich auch als Antenne dienen, wenn man sie in die Nähe eines Radios mit Ferritantenne bringt. Damit bleibt alles ganz privat mit magnetischer Kopplung von Ferritstab zu Ferritstab.

# 30 AM-Modulator für Kurzwelle

Diese Schaltung beruht auf dem Tesla-Lernpaket von Franzis. Der darin verwendete 13,56-MHz-Oszillator arbeitet auf einer legalen ISM-Frequenz. Um aus dem HF-Generator einen richtigen Sender zu machen, müssen zwei Aufgaben gelöst werden, die Modulation und eine möglichst effektive Antennenabstrahlung. Im Kurzwellenbereich verwendet man Amplitudenmodulation. Man kann einfach eine passende Signalquelle in Reihe zur Batterie anschließen, um die Amplitude zu modulieren. Hier wurde ein Serienwiderstand von 470 Ω verwendet, an den die NF-Spannung angelegt werden kann. So kann z.B. der Kopfhörerausgang eines CD-Spielers oder Kassettenrecorders angeschlossen werden.

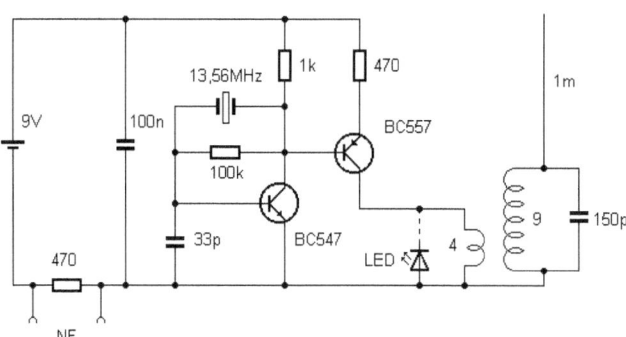

Das Oszillogramm wurde mit einem NF-Tongenerator als Modulator aufgenommen. Man erkennt deutlich die verzerrungsfreie Aussteuerung bis nahe an einen Modulationsgrad von 100 %. Ein Empfangsversuch mit einem Kurzwellenradio bestätigt die reine Modulation. Erst bei einer Übersteuerung treten hörbare Verzerrungen auf.

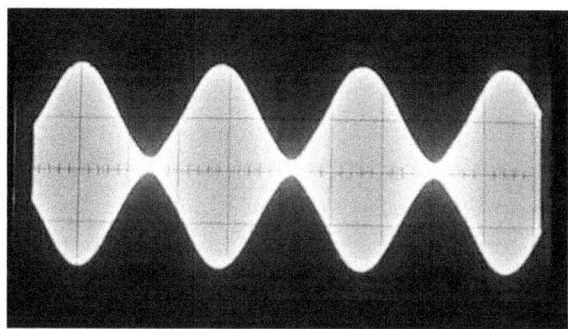

Eine wirksame Abstrahlung von HF-Energie erfordert im Normalfall eine ausreichend lange und gut abgestimmte Antenne. Ein Halbwellendipol hätte für 13,56 MHz eine Länge von 11 m. Man erhält mit den vorhandenen Drähten nur eine stark verkürzte Antenne, wobei nur ein kleiner Teil der zur Verfügung stehenden HF-Leistung tatsächlich abgestrahlt wird. Der große Rest wird im Schwingkreis in Wärme umgewandelt. Trotzdem lassen sich leicht Reichweiten bis über 20 m erzielen.

Eine kurze Antenne von etwa einem Meter schließt man am besten am heißen Ende eines Schwingkreises an, der eine möglichst hohe Resonanzspannung hat. Eine LED wird nur zur Einstellung der optimalen Resonanz benötigt, dann aber entfernt. Der Sender ist dann klar und deutlich mit einem Kurzwellenradio zu hören. Die Frequenz 13,56 MHz liegt außerhalb anderer Rundfunkbänder, sodass Sie kaum befürchten müssen, jemanden zu stören. Allerdings muss klar gesagt werden, dass ein eigener Rundfunksender auf dieser Frequenz in jedem Falle illegal ist. Führen Sie also nur kurze Experimente durch und verzichten Sie auf ein regelmäßiges Programm.

Bei der Erzeugung elektromagnetischer Wellen muss deutlich zwischen dem Nahfeld im Bereich unterhalb einer Wellenlänge und dem Fernfeld jenseits einer Wellenlänge unterschieden werden. Übliche Rundfunk- und Amateurfunksender setzen auf das

Fernfeld, denn es soll ja eine möglichst große Entfernung überbrückt werden. Übliche Teslaversuche zur drahtlosen Übertragung elektrischer Energie finden jedoch im Nahfeld statt. Ein großer Teslagenerator arbeitet z.B. bei einer Resonanzfrequenz von 100 kHz, also bei einer Wellenlänge von 3000 m. Wenn damit eine Energieübertragung über eine Strecke von 10 m gelingt, befindet man sich eindeutig noch im Nahfeld. Man darf hier noch nicht von einer Wellenausbreitung sprechen, sondern höchstens von einer Kopplung über elektrische und magnetische Felder. Solche Versuche mit gekoppelten Kreisen im Nahfeld werden in den folgenden Abschnitten genauer beschreiben.

Der hier aufgebaute kleine AM-Sender ist jedoch auch im Fernfeld, also in Entfernungen über 22 m zu empfangen, erzeugt also echte elektromagnetische Wellen. Eine scharfe Bündelung elektrischer Energie ist dabei jedoch kaum möglich, d.h. die HF-Energie verteilt sich im gesamten Raum. An der Radioantenne kommt nur noch ein sehr kleiner Teil der Sendeleistung an. Der Empfänger besitzt jedoch eine hohe Verstärkung und kommt mit der geringen Eingangsleistung aus.

Will man über große Entfernungen gezielt elektromagnetische Energie übertragen, müssen wirksame Richtantennen eingesetzt werden, die wesentlich größer sein müssen als die Wellenlänge. Es ist daher günstiger mit kleinen Wellenlängen, also z.B. mit Mikrowellen zu arbeiten. Mit großen Wellenlängen ist eine scharfe Bündelung dagegen unrealistisch.

# 31 DSP-Radio SI4735

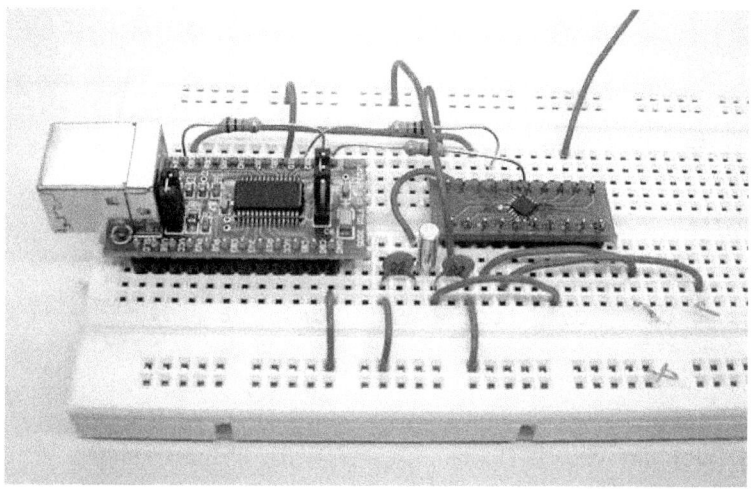

Ein Chip der Größe 3 mm x 3 mm, der ein komplettes Radio mit UKW und drei AM-Bereichen enthält? Da wird man neugierig! Die Firma Modul-Bus hat eine Adapterplatine entwickelt, mit der man das Radio z.B. auf einer Experimentierplatine aufbauen kann. Hier wird zusätzlich der UM232R verwendet um den Empfänger am USB betreiben zu können. Der Baustein liefert auch gleich die erforderliche Spannung von 3,3 V.

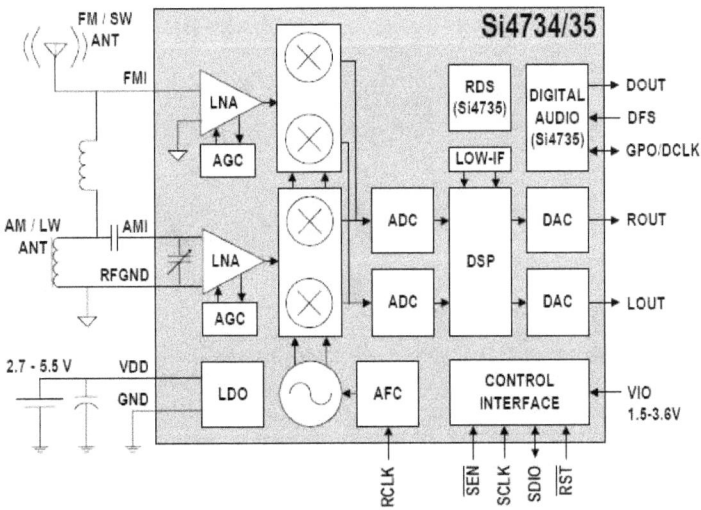

Ein Blick auf das Blockschaltbild verrät das Prinzip eines IQ-Empfängers, ähnlich wie er auch schon für Kurzwelle verwendet wurde. Aber diesmal funktioniert die Dekodierung ohne PC-Software, weil ein eigener DSP diese Aufgabe übernimmt. Nur für die Abstimmung wird noch ein PC oder ein Mikrocontroller benötigt. Der SI4735 verfügt über unterschiedliche digitale Schnittstellen. Hier wurde der I2C-Bus verwendet. Man braucht nur zwei Leitungen, SDA und SCL. Zusätzlich muss nur noch der Reset-Eingang des Chips bedient werden.

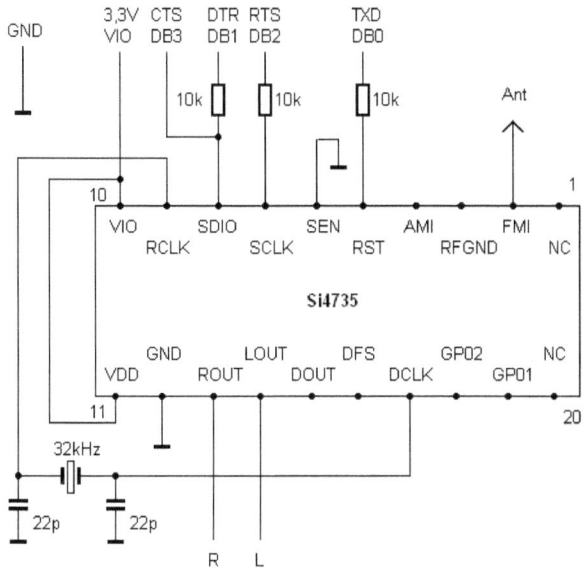

Das Schaltbild zeigt eine minimale Beschaltung für den ersten Test. Es wurde nur ein kurzes Stück Draht als UKW-Antenne verwendet. Die Stereo-Ausgänge R und L verzichten auf Koppelkondensatoren, weil diese schon im angeschlossenen Verstärker liegen. Ein 32-kHz-Uhrenquarz sorgt für den Takt. Das Interface zum UM232R verwendet drei Widerstände. Zwei der Leitungen könnten zwar auch direkt verbunden werden, aber so wird eine größere Fehlersicherheit erreicht.

Der Chip benötigt eine Betriebsspannung von 3,3 V an VDD und an VIO. Achtung an VDD ist nicht mehr als 3,6 V erlaubt. Man muss gut darauf achten, dass der UM232R nicht versehentlich auf 5 V gejumpert wurde. Ein Chip ist bei den ersten Tests leider bereits durch zu hohe Spannung kaputtgegangen. Jumper S1 muss in die obere Position gesteckt sein, dann liefert das Modul 3,3 V an VIO.

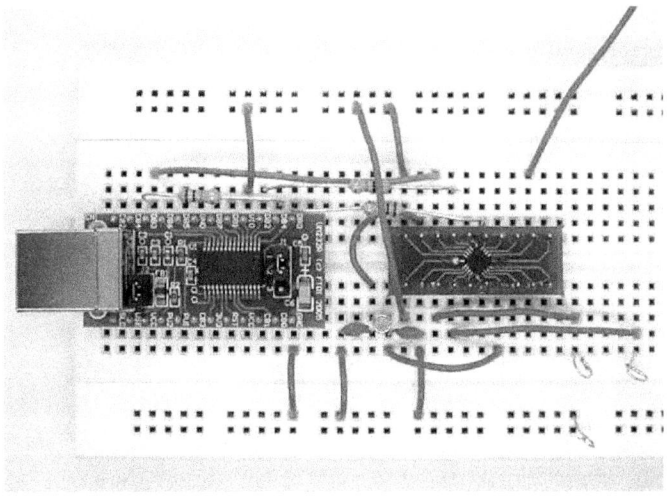

Der FT232R wird hier wie eine serielle Schnittstelle z.B. als COM1 oder als COM2 verwendet. Die TTL-Pegel mit 3,3 V sind gegenüber einer echten RS232 invertiert. Die Leitungen DTR und RTS bilden einen I2C-Bus mit der zusätzlichen Eingangsleitung CTS. Für die Ansteuerung wurde ein kleines Testprogramm in VB geschrieben, das auf www.elexs.de geladen werden kann.

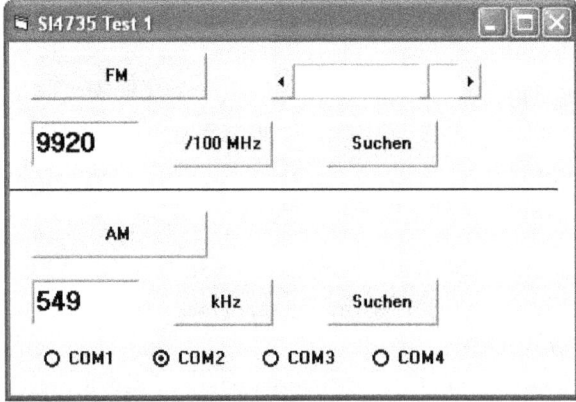

Für UKW-Empfang reicht bereits ein Stückchen Draht von 10 cm Länge als einfache Antenne. Nach dem Start des Programms muss man den Empfänger durch einen Klick auf die Schaltfläche FM initialisieren. Erst dann beginnt der 32-kHz-Quarz zu schwingen. Ein weiterer Test auf geglückte Initialisierung ist die Spannung an den Audio-Ausgängen R und L, die nun etwa 1 V beträgt. Der UKW-Empfänger stimmt sich auf den ersten starken Sender ab. Am Ausgang erscheint das Stereo-Signal. Nun kann man eine andere Frequenz eingeben oder einen Suchlauf starten. Außerdem gibt einen Lautstärkeschieber.

Der AM-Empfang erfordert den Anschluss einer entsprechenden Antenne oder einen Vorkreises. Man kann z.B. eine Ferritantenne anschließen. Nach der AM-Initialisierung funktioniert die Abstimmung ähnlich wie bei FM entweder durch Direkteingabe oder mit dem Suchlauf.

Das SI4735-Modul wurde in verschiedenen Platinen-Projekten eingesetzt. Dazu gehört neben dem in folgenden beschriebenen Heimradio und dem PC-Radio von Modul-Bus auch das Elektor-DSP-Radio mit Mikrocontroller und LC-Display.

# 32 Das UKW-Heimradio

Die Idee ist einfach: Das UKW-Radio wird mit einem Poti abgestimmt, wobei alle Sender sich gleichmäßig auf den Drehwinkel von 270 Grad verteilen. Der Anwender legt fest, welche Stationen das Radio empfangen soll. Meist hört man ja nur wenige Sender. Wenn z.B. nur drei Sender programmiert werden, belegt jeder einen Winkel von 90 Grad auf der Skala. Eine Fehlabstimmung ist ausgeschlossen, die Bedienung wird ganz einfach. Möglich wird das durch einen kleinen Mikrocontroller ATtiny25. Die fertig bestückte Patine ist bei Modul-Bus zu bekommen.

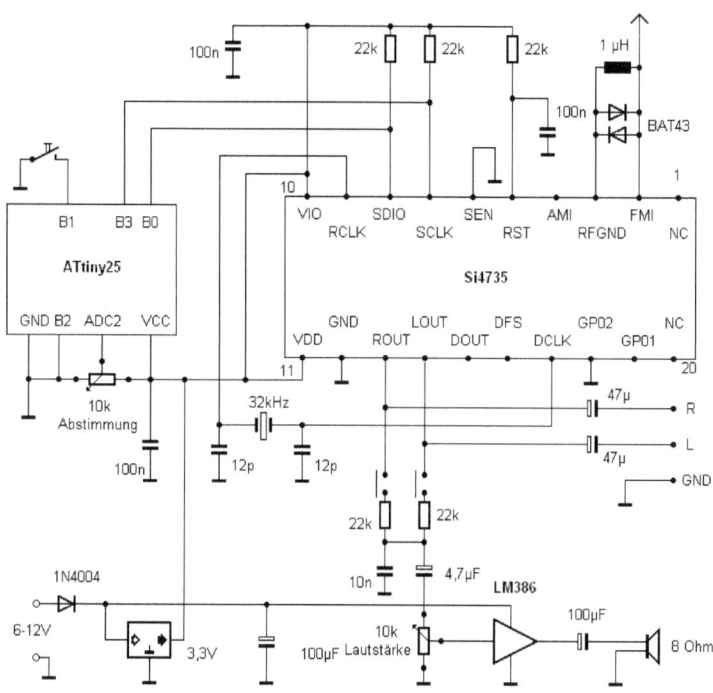

Die kleine autonome Platine enthält auch einen einfachen Mono-Lautsprecherverstärker. Wenn man ihn verwenden will müssen die beiden Jumper geschlossen werden. Man kann die Platine z.B. in eine vorhandene Lautsprecherbox einbauen und erhält so ein Spezialradio. Oft ist es sinnvoll, die Potis nicht auf der Platine zu bestücken, sondern Potis mit langer Achse an anderer Stelle im Gehäuse einzubauen. Alternativ kann auch der Stereo-Ausgang an der Klinkenbuchse verwendet werden um das Radio z.B. zusammen mit PC-Aktivlautsprechern zu betreiben. Das vorgesehene Gehäuse bietet auch noch Platz für eine 9-V-Batterie, aber eine Netzteilbuchse ist ebenfalls vorhanden.

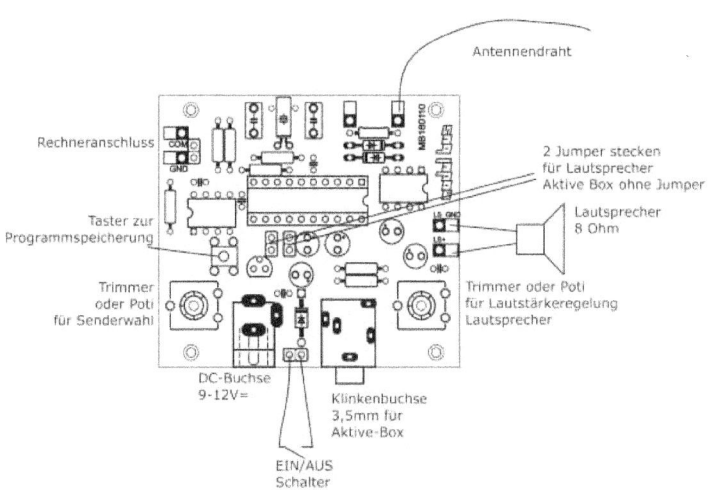

Es gibt zwei Möglichkeiten das Radio zu programmieren, per Tastschalter auf der Platine oder über einen angeschlossenen PC. In beiden Fällen legt man fest, welche Stationen gehört werden können.

Programmierung per Taste: Beim Einschalten muss die Taste länger als eine Sekunde gedrückt werden um in den Programmiermodus zu gelangen. Das Radio sucht dann sofort von 87,5 MHz ab die erste Station. Mit jedem Tastendruck scannt man eine Station weiter. Soll eine Station gespeichert werden, drückt man länger als eine Sekunde. Ein kurzer Tastendruck dagegen übergeht die zuletzt gehörte Station und sucht die nächste. Insgesamt können bis zu 20 Stationen gespeichert werden, die sich dann im Betrieb über den ganzen Drehbereich verteilen. Nach der Programmierung muss das Radio einmal aus und wieder neu eingeschaltet werden.

Zur Programmierung über einen PC muss ein serielles Kabel an GND und COM (TXD-Pin) angeschlossen werden. Zum Betrieb reicht ein beliebiges Terminalprogramm (z.B. Terminal.exe von www.elektronik-labor.de) im Textmodus. Die Übertragungsrate beträgt 1200 Baud. Das Radio kann im normalen Betrieb jederzeit in den PC-Modus umgeschaltet werden und wird dann bis zum nächsten Neustart nur noch vom PC aus gesteuert. Über das Terminal kann man den Empfänger abstimmen und Frequenzen zwischen 65 MHz und 108 MHz den einzelnen Speicherplätzen zuweisen. Wenn vorher z.B. zehn Stationen gespeichert waren und nun nur noch vier Stationen gewünscht sind muss an den Platz 5 eine besondere Ende-Marke geschrieben werden.

Enter      Start des PC-Modus
8880      88,8 MHz abstimmen
10280     102,8 MHz abstimmen
1          Auf Speicherplatz 1 setzen
20000     > 108 MHz als Ende-Speicher
5          Ende-Marke in Speicher 5, es gibt nur 1...4

Nach dem Ende des Speichervorgangs muss das Radio neu eingeschaltet werden damit die Einstellungen wirksam werden. Alternativ kann der Empfänger grundsätzlich als PC-Radio verwendet werden. Möglich sind aber auch eigene Anwendungen mit besonderer Firmware, z.B. als spezielles Küchenradio für Eltern mit Kindern. Der Wunschsender der Kinder kann zwar gewählt werden, aber spätestens nach 30 Minuten wird automatisch wieder auf den Elternsender geschaltet. Oder das Einschlaf-Radio, das sich nach einer vorgegeben Zeit allein abschaltet. Wer möchte kann die Firmware beliebig verändern. Der Fantasie sind keine Grenzen gesetzt.

Hier ein Einbauvorschlag in ein Retro-Radio-Gehäuse: Die Potis auf der Platine wurden durch die Potis im Gehäuse ersetzt. Das Messgerät überwacht die Batteriespannung. Der eingebaute Lautsprecher und das große Gehäuse sorgen für einen vollen Klang.

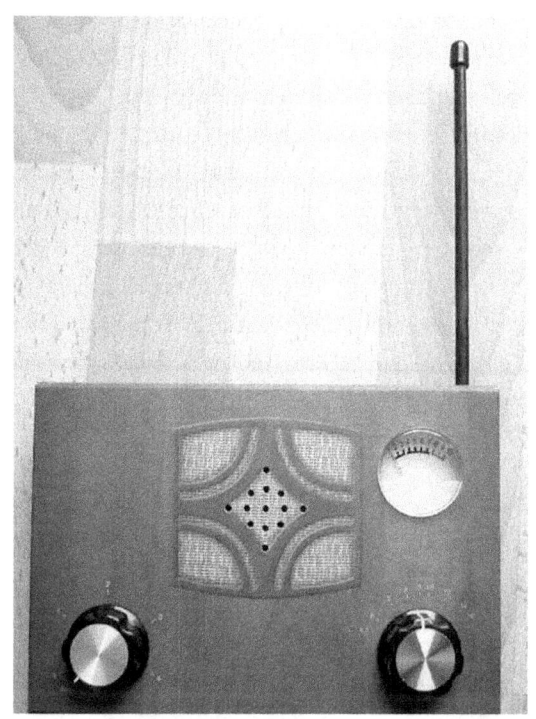

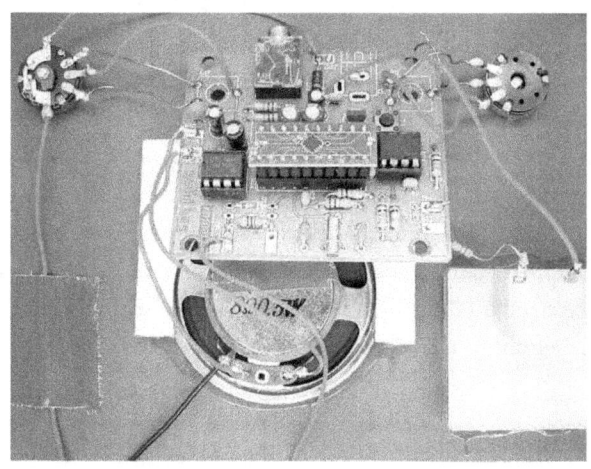

Auch andere Gehäuse sind natürlich denkbar. Wie wäre es z.B. mit einem alten Röhrenradio? Bei mir stehen mehrere Geräte herum, die eigentlich mal gründlich restauriert werden müssten. Aber meist fehlt die Zeit dafür. Da könnte doch das Heimradio neuen Kang in alte Kisten bringen! Es muss ja nicht endgültig sein, sondern man würde sich sozusagen den Lautsprecher borgen und das Röhrenchassis schlafen lassen. Das Ergebnis wäre sicher ein besonders schöner Klang, fast so wie zu alten Röhrenzeiten, aber ohne die Verzerrungen und die sonstigen Schwächen der alten Radios. Denn eins ist klar, keines dieser alten Radios kann auf UKW noch richtig mithalten.

Denkbar ist auch, dass man die Endröhre EL84 tatsächlich noch einsetzt und auch das originale Lautstärkepoti, alle HF-Röhren aber erst mal aus der Fassung nimmt. Dann fehlt nur noch eine Lösung für das Abstimmpoti des Heimradios. Ideal wäre eine mechanische Kopplung mit dem Drehko. Aber etwas weniger aufwendig wäre es vielleicht, wenn man eines der Klangpotis umwidmet. Das Ergebnis wäre jedenfalls ein Hit! Ein Radio so schön wie früher und mit voller Funktion und bestem Klang.

# 33 PC-Radio mit USB-Anschluss

Das PC-Radio erlaubt die Ansteuerung aller Funktionen des SI4735 über die USB-Schnittstelle. In der Version 2 der Platine wurde der 4-MHz-Oszillator durch den internen Oszillator mit einem 32-kHz-Uhrenquarz ersetzt. Damit entfallen Störsignale durch Oberwellen des Oszillators. Eine weitere Verbesserung betrifft die Datenleitungen zwischen FT232R und SI4735, die jetzt ebenfalls besser gegen Störsignale gedämpft sind. Die dritte Änderung betrifft das größere Lochrasterfeld, sodass man jetzt mehr Platz für die Eingangsbeschaltung hat.

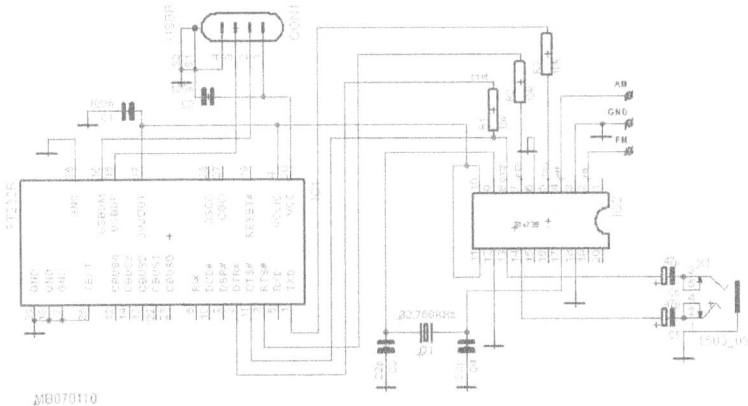

Für die neue Platine gibt es angepasste Software auf www.elexs.de. Das Standard-Programm heißt Si4735Radio5.exe. Es wurde in Delphi geschrieben und umfasst bereits die RDS-Funktion des Chips.

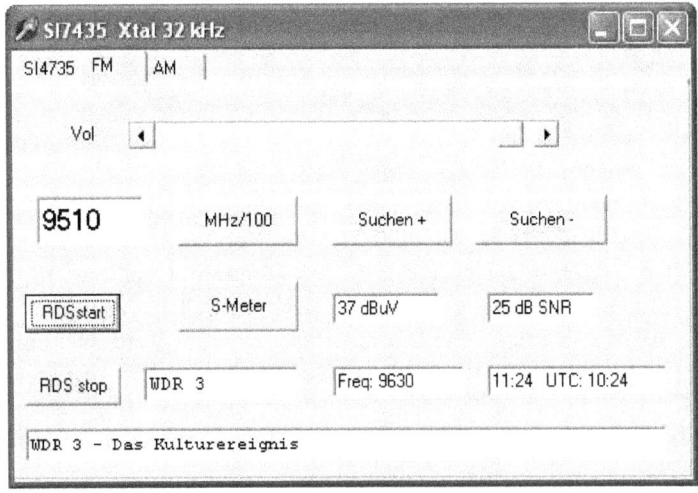

# 34 Klasse-D-Verstärker TPA3110D2

Von Texas Instruments stammt der neue Klasse-D-Verstärker TPA3110D2. Obwohl nur im kleinen SMD-Gehäuse und ohne spezielle Kühlung bringt der Verstärker bei einer Betriebsspannung von 16 V bis zu 2 x 15 W an zwei 8-Ohm-Lautsprecher. Bei 13 V sind es noch 2 x 10 W. Das Geheimnis des guten Wirkungsgrads liegt in den digitalen Ausgangssignalen. Die Endstufentransistoren in Brückenschaltung werden voll durchgesteuert. TI wirbt damit, dass trotzdem nur vier Ferritperlen nötig sind um den Verstärker ausreichend zu entstören. Das Datenblatt liefert eine passende Grundschaltung.

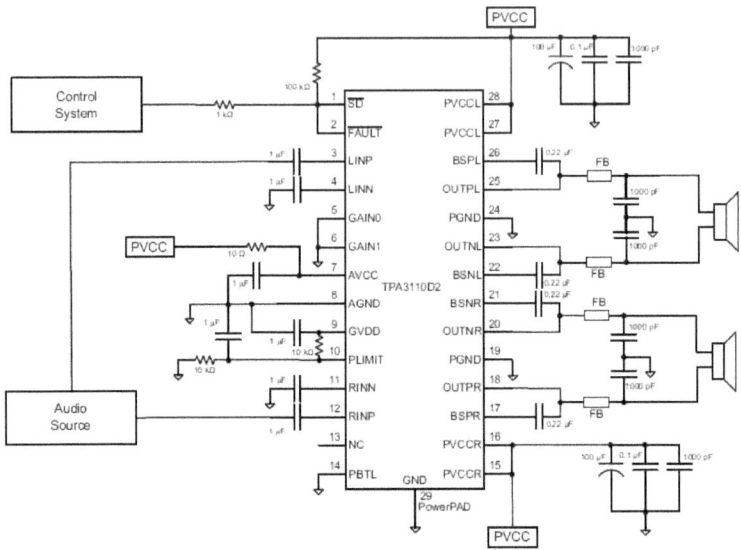

Diese Schaltung wurde im Wesentlichen nachgebaut. Das Ergebnis ist ermutigend: Ein völlig sauberer Sound und ordentlich viel Leistung.

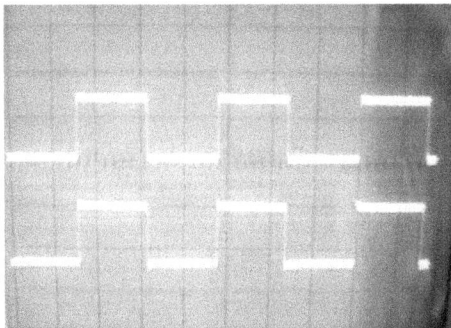

An den beiden Ausgängen eines Kanals sieht man im Ruhezustand zwei gleichphasige Rechtecksignale mit ca. 300 kHz. Die Lautsprecherleitung schwingt zwar gegen Masse, die Potentialdifferenz zwischen beiden Leitungen ist aber Null.

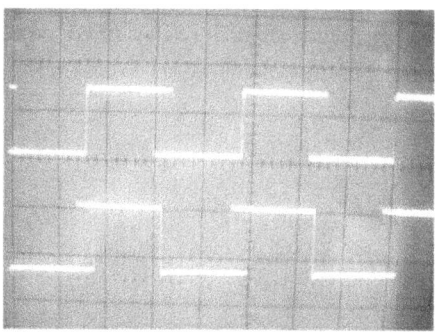

Bei Aussteuerung mit einem NF-Signal werden die Impulslängen gegenphasig moduliert. Das Differenzsignal besteht also aus kurzen bis längeren Impulsen in wechselnder Polatrität.

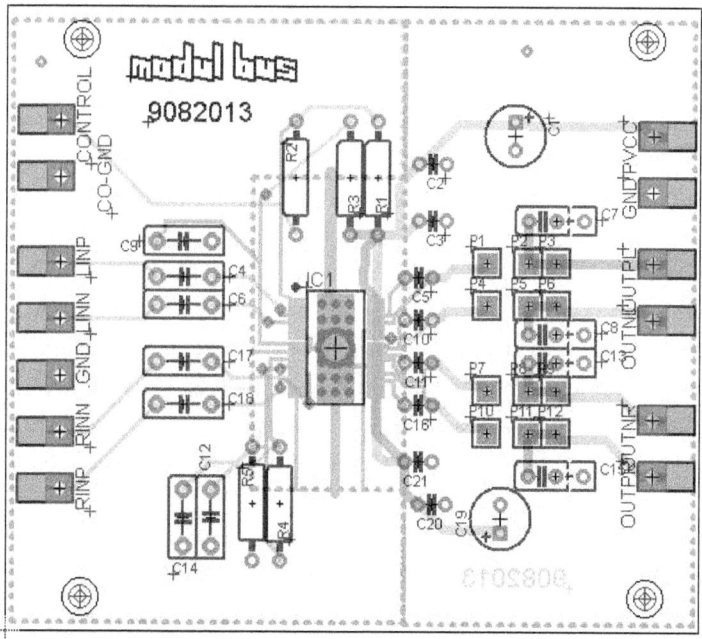

Die Maße der Platine sind an die Heimradio-Platine angepasst, sodass man beide im Huckepack verbinden kann. Auf der Ausgangsseite hat man Bestückungsmöglichkeiten für unterschiedliche Filter. Die Eingänge können wahlwiese als Gegentaktsignale oder gegen Masse angeschlossen werden.

Die Ausgangsfilter sind je nach Anwendung zu wählen und wurden hier mit stehenden Festinduktivitäten mit 33 µH und keramischen Vielschichtkondensatoren mit 100 nF bestückt. Von den Differenzeingängen wurde jeweils der negative Eingang mit an GND gelegt. Dann wurde eine Klinkenbuchse angeschlossen. Der erste Test lief mit einem Nexus-Tablet über den Kopfhörerausgang als Signalquelle. Damit wird der Verstärker mit seiner fest eingestellten Spannungsverstärkung von 20 dB und einem Eingangssignal um 1 V gerade optimal ausgesteuert. Zwei große Lautsprecherboxen mit 8 Ohm brachen einen ganz hervorragenden, absolut sauberen Klang. Keine Verzerrungen, glatter Frequenzgang, alles hört sich sehr gut an.

Es wurden unterschiedliche Betriebsspannungen zwischen 7 V und 16 V getestet. Die Übersteuerungsgrenze hängt von der Betriebsspannung ab. Das Verhalten bei Übersteuerung ist recht gutmütig, sodass nur wenig davon zu hören ist, solange nur einzelne Spitzen des Signals betroffen sind. Was besonders auffällt ist der geringe Strombedarf bei kleiner Lautstärke. Der Ruhestrom wurde mit etwa 10 mA gemessen, und schon bei 20 mA kommt eine beträchtliche Lautstärke heraus. Die Stromaufnahme sinkt übrigens mit höherer Betriebsspannung, ganz wie es bei einem D-Verstärker sein soll. Dementsprechend hat man einen sehr guten Wirkungsgrad und kaum eine Erwärmung am Verstärker-IC.

Der zweite Versuch wurde mit dem Heimradio von Modul-Bus durchgeführt. Der Verstärker lag dabei direkt an den Stereo-Ausgängen des SI4735. Der Verstärker wird dabei nicht bis zur Leistungsgrenze ausgesteuert, weil die Ausgangsspannung des Empfängers deutlich unter einem Volt liegt. Diese Kombination eignet sich jedoch sehr gut für Batteriebetrieb mit einem 9-V-Block oder an einem 12-V-Akku. Beim UKW-Empfang konnte auch das

Störverhalten des Verstärkers getestet werden. Es wurde deutlich, dass eine günstige Masseführung wichtig ist um Rückwirkungen zu vermeiden. Bei einem Testbetrieb ohne Filter wurden deutliche Verzerrungen hörbar, weil der Empfänger Oberwellen des PWM-Signals empfängt. Die Filter an den Lautsprecherausgängen haben also einen gewissen Einfluss. Mit 1 µH und 1 nF an den Ausgängen ist bereits ungestörter UKW-Empfang möglich.

# 35 Der FM-Radiochip BK1079/1068

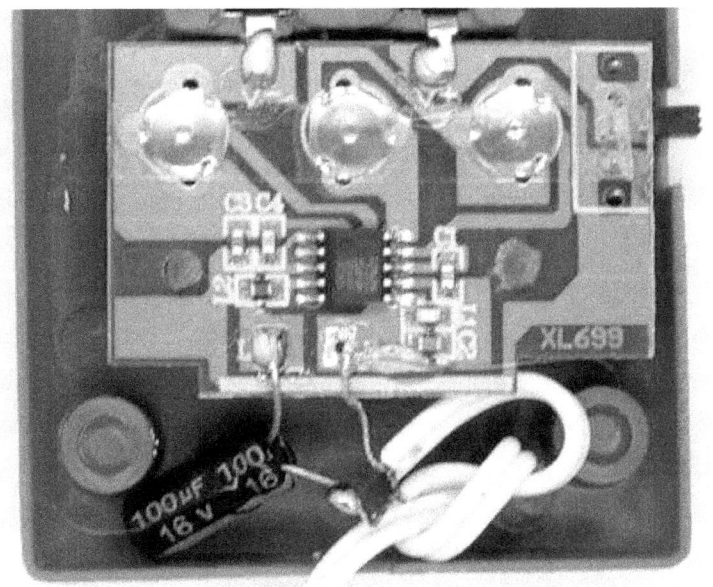

Erst kürzlich ist ein neuer Radiochip für kleine Scanner-Kopfhörcrradios aufgetaucht. Er wurde z.B. ein einem kleinen Radio als Beilage zu einem Mickymaus-Heft verwendet. Der BK1068 der chinesischen Firma Beken hat große Ähnlichkeit mit dem MK1079 der gleichen Firma, hat aber ein etwas größeres Gehäuse mit dem ungewöhnlichen Pinabstand von 1 mm. Offensichtlich ist ein Gegentaktausgang vorhanden. Am Ausgang wird ein Koppelelko benötigt. Die Stromaufnahme beträgt rund 20 mA. Sogar ein Lautsprecher kann man daran direkt betreiben. Auch den vierten Taster CH- wurde getestet. Er funktioniert genauso beim BK1068, d.h. man kann nicht nur nach oben sondern auch zu tieferen Frequenzen hin scannen.

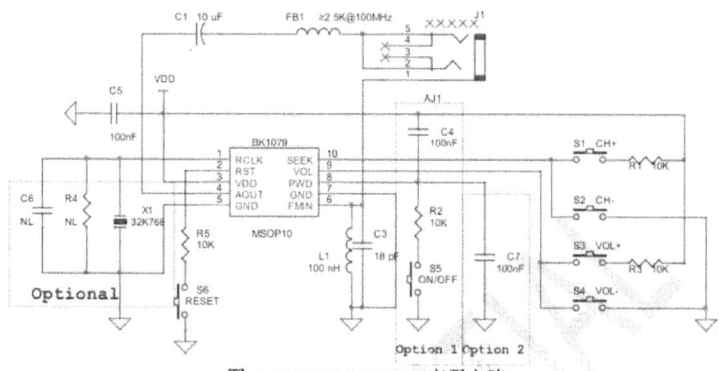

图 4 BK1079 MSOP10 应用电路

Das IC scheint verwandt zu sein mit dem BK1088, und dessen Datenblatt wiederum erinnert sehr stark an die DSP-Radios von Silicon Labs wie den SI4735. Damit wird klar, dass auch der BK1079/1068 tatsächlich ein DSP-Radio ist. Das erklärt die hohe Qualität. Das Ausgangssignal ist absolut sauber und zeigt keine Spuren des Stereo-Trägers. Ein großer Vorteil gegenüber dem TDA7088 ist außerdem, dass die Lautstärke intern verstellt werden kann.

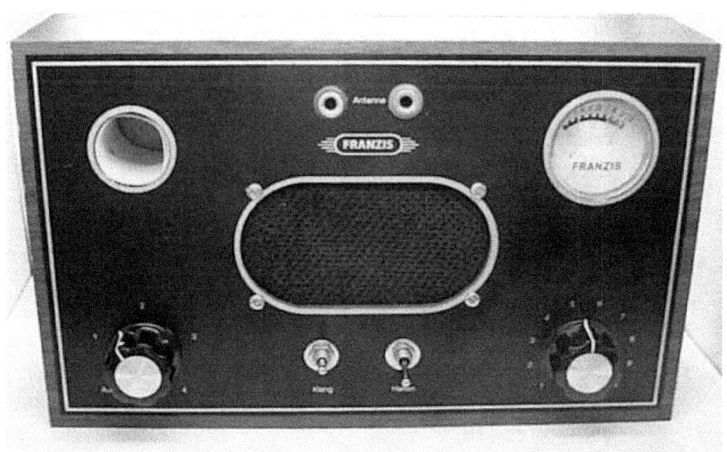

Der Chip eignet sich nicht nur für Kopfhörerradios sondern auch für hochwertige FM-Empfänger. Eine der Platinen wurde in ein übrig gebliebenes Gehäuse des Franzis Retroradio Deluxe (ein Rückläufer an Franzis mit zerlöteter Platine) eingebaut. Die Stromversorgung läuft jetzt über eine einzelne Lithium-Zelle mit 3,7 V. Und die Abstimmung verwendet keine Tastschalter mehr sondern ein Poti. Es steht normalerweise in Mittelstellung. Einmal kurz nach links drehen startet den Suchlauf in Richtung kleinerer Frequenzen, einmal kurz nach rechts gedreht sucht den nächst höheren Sender. Zusätzlich kam eine Fledermaus-Platine als Endverstärker mit dem LM386 rein. Das passende Poti mit Schalter war ja schon da.

Es zeigte sich, dass die Verstärkung zu hoch war, was zu Übersteuerung führte, wenn man voll aufdrehte. Die Lösung: 10 k vom Empfänger zum Poti plus 1 k parallel am Eingang des Endverstärkers, also rund 20 dB Abschwächung. Damit passt es, die Lautstärke ist sehr angenehm.

Weitere Details des Umbaus sind:

- Faltdipol als interne Antenne, die Empfindlichkeit steigt enorm an.
- Das ehemalige Röhren-Schauloch bekommt ein Bassreflexrohr, was die Tiefenwidergabe verbessert.
- Das interne Messwerk mit 2,4 k in Reihe dient zur Batterieanzeige.
- Eine weiße LED mir 300 Ohm in Reihe dient zur Hintergrundbeleuchtung.

Fazit: Guter Klang, gute Lautstärke, lange Batterielebensdauer

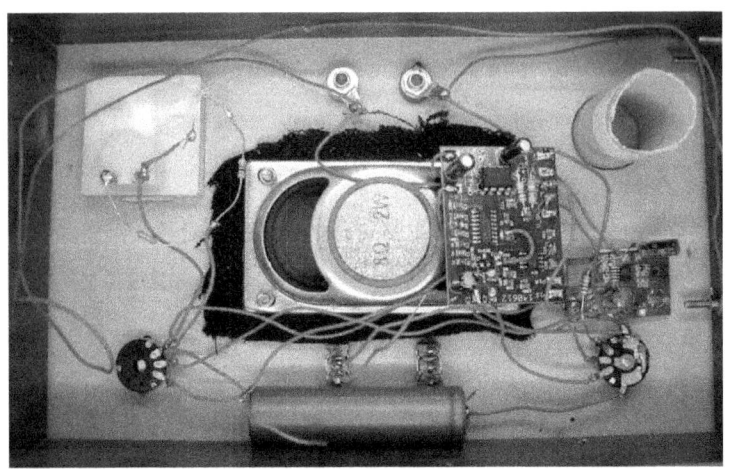

Genauso ist der Einbau in ein altes Röhrenradio denkbar. Glasklarer UKW-Empfang zusammen mit dem warmen Klang einer Röhrenendstufe, das wär's!

Der Radiobaustein BK1068 kann wesentlich mehr als in einfachen Kopfhörerradios genutzt wird. Um alle Möglichkeiten auszuprobieren war die kleine Steckboardplatine von Modul-Bus ideal geeignet. Das IC wurde direkt, also noch ohne die Adapterplatine eingelötet.

Alle Funktionen des ICs werden statt mit Tastschaltern über Berührungssensoren zugänglich gemacht. Jeder Sensor besteht hier aus zwei Drahtbrücken, die man gemeinsam berühren soll. Jede Sensortaste benötigt einen zusätzlichen Transistor, weil die Tristate-Engänge einen relativ geringen Eingangswiderstand haben.

Der Seek-Eingang und der Volume-Eingang haben im Ruhezustand jeweils etwa halbe Betriebsspannung. Der Chip erkennt, wenn die Eingänge auf GND- oder Vdd-Potential gezogen werden. Zusätzlich gibt es die Reset-Funktion, mit der die unterste Frequenz eingestellt wird und einen Power-Down-Eingang (PDN), mit dem man den Chip ein- und ausschalten kann. Damit kommt das Radio ohne einen Schalter zur Batterie aus. Im ausgeschalteten Zustand ist das Radio praktisch stromlos und behält dabei die zuletzt gewählten Einstellungen. Die ist ein weiterer großer Vorteil gegenüber dem TDA7088. Man kann nämlich nun seinen bevorzugten Sender und die gewünschte Lautstärke unverändert lassen und findet beides beim nächsten Einschalten wieder vor.

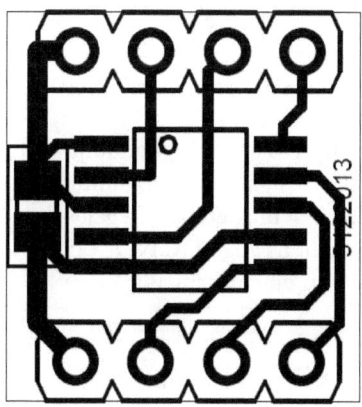

Eine Adapterplatine für das IC ist bei Modul-Bus erhältlich. Damit wird das kleine SMD-IC auf ein handliches DIP8-Format gebracht.

Die zehn Anschlüsse reduzieren sich auf acht Pinne, weil zweimal GND (Pin 5 und Pin 7) zusammengelegt werden und weil der nicht verwendete RCLK-Eingang mit an Vdd gelegt wird. Mit dieser Platine wird das Experimentieren vereinfacht. Man braucht nicht viel mehr als eine 3-V-Batterie und ein paar Bedienungstasten zum Aufbau eines Radios hoher Qualität.

Die Schaltung zeigt eine typische Anwendung mit Tasten für alle Funktionen. Die Tasteneingänge Scan und Vol sind Tristate-Eingänge mit einem mittleren Pegel bei der halben Betriebsspannung. Schalten gegen GND oder VDD ermöglicht daher zwei Funktionen an einem Eingang.

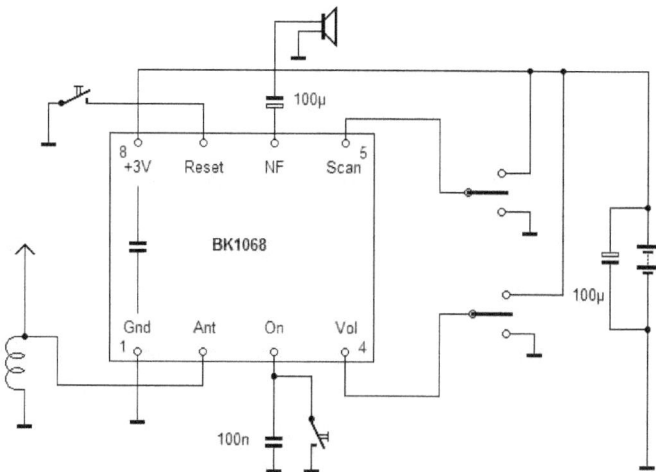

Das Modul kommt mit einer minimalen externen Beschaltung aus, wenn man auf einige Schaltfunktionen verzichtet. Das IC startet mit maximaler Lautstärke. Es reicht ein einzelner Scan-Taster, weil am oberen Bandende automatisch auf den Anfang gewechselt wird, das IC also im Kreis herum scannen kann.

Der On/Off-Taster schaltet das IC in den stromlosen Power-Down-Modus und zurück in den aktiven Modus. Dabei bleiben alle aktuellen Einstellungen, also Frequenz und Lautstärke erhalten. Man muss deshalb nicht wie bei älteren Scanner-Radios den Wunschsender jedesmal neu suchen. Ein großer Vorteil ist auch, dass man einen Suchlauf in beide Richtungen starten kann.

Das folgende Bild zeigt einen Aufbau mit sechs Tastern auf einer Steckboardplatine. Zwischen den beiden Up/Down-Tasten liegt jeweils noch ein Widerstand von 470 Ω, der einen Kurzschluss verhindern soll, falls jemand versehentlich beide Tasten gleichzeitig drückt.

Das IC ist eigentlich für Kopfhörer mit 16 Ohm vorgesehen. und liefert dann mehr als reichliche Lautstärke und einen hervorragenden Klang. Versuche haben aber gezeigt, dass auch ein 8-Ohm-Lautsprecher angeschlossen werden kann. Es wurde eine Ausgangsspannung bis ca. 1 Vss gemessen. Die Lautstärke reicht ohne zusätzlichen Endverstärker für manche Anwendungen bereits aus. Bei Bedarf kann ein zusätzlicher Audioverstärker angeschlossen werden. Das Modul eignet sich hervorragend zum Auffrischen alter Röhrenradios, wahlweise mit einem eigenen Endverstärker oder mit der vorhandenen Röhrenendstufe.

www.ingramcontent.com/pod-product-compliance
Lightning Source LLC
Chambersburg PA
CBHW051916170526

45168CB00001B/416